AGRICULTURE STUDY ON SELECTED AFRICAN COUNTRIES

非洲农业国别调研报告集

（第五辑）

科摩罗	吉布提	厄立特里亚	埃塞俄比亚
COMOROS	DJIBOUTI	ERITREA	ETHIOPIA

农业部国际交流服务中心 编著

中国农业科学技术出版社

图书在版编目（CIP）数据

非洲农业国别调研报告集. 第五辑 / 农业部国际交流服务中心编著.
—北京：中国农业科学技术出版社，2013.12
ISBN 978-7-5116-1175-8

Ⅰ.①非… Ⅱ.①农… Ⅲ.①农业发展—研究报告—非洲 Ⅳ.① F34

中国版本图书馆 CIP 数据核字（2012）第 297961 号

责任编辑　朱　绯　李　雪
责任校对　贾晓红

出　　版　中国农业科学技术出版社
　　　　　北京市中关村南大街 12 号　　　　　　邮编：100081
电　　话　（010）82109707　82106626（编辑室）（010）82109704（发行部）
　　　　　（010）82109709（读者服务部）
传　　真　（010）82109707
网　　址　http://www.castp.cn
经　　销　各地新华书店
印　　刷　北京昌联印刷有限公司
开　　本　787mm×1 092mm　1/16
印　　张　12
彩　　插　24 面
字　　数　242 千字
版　　次　2013 年 12 月第 1 版　2015 年 6 月第 2 次印刷
定　　价　60.00 元

━━◀◀◀◀ 版权所有·翻印必究 ▶▶▶▶━━

《非洲农业国别调研报告集》

编 委 会

主　　任　王　鹰

执行主任　屈四喜

副 主 任　蔡春河　唐盛尧　叶安平　童玉娥　孙咏华

　　　　　李　雪　杨从科

编　　委　董志强　蒋和平　杨从科　陈淑仁　顾卫兵

　　　　　蔡春河　孙咏华　郭　粟　周　敏　付　严

　　　　　黎林燕　赵　文

援非百名高级农业专家项目总结大会

援非高级农业专家项目联合巡视考察团在津巴布韦与援津巴布韦高级农业专家组合影

序

中非人民的深厚友谊是在半个多世纪的岁月中不断积累和发展起来的。尽管世界发生了沧桑巨变，但中国与非洲依然保持着风雨不改的兄弟情谊。

非洲将农业和市场准入、基础设施、资本流动、人力资源并列为四大重点发展领域，其中农业位居第一。农业是非洲经济发展的重要支柱，是实现就业和粮食安全的双保险。非洲的农业资源利用程度低，农业生产水平低。如果没有农业的发展，就难以根除非洲贫困问题。由于非洲农业发展最严峻的问题是粮食安全，中国对非洲农业的援助也基本上都是围绕增强其粮食生产能力展开的。自中国1959年向几内亚政府提供无偿粮食援助开始，经过50多年的发展，中非农业合作取得了显著的成就和丰富的经验。2000年以来，中国和非洲的农业合作进入了全面深化阶段，中非合作论坛机制以及各类多双边农业合作文件的签署将中非农业合作从项目式的行动逐渐发展成为规范的制度化和可持续的全面合作。目前，中国已先后与埃及、南非、埃塞俄比亚、苏丹等16个非洲国家签署了28份农牧渔业合作协议，并与埃及、南非等9个非洲国家建立了双边农业合作组机制。2006年11月，中非合作论坛北京峰会上，中国国家主席胡锦涛宣布了旨在加强中非务实合作、支持非洲发展的8项政策措施，其中包括3年内向非洲国家派遣100名高级农业专家、建设10个农业技术示范中心以及为非洲国家培训1 500名农业人才的对非农业援助。2009年8月，中非合作论坛第四届部长级会议上，温家宝总理提出进一步加强中非农业合作，把中国在非洲国家援建的农业技术示范中心增至20个，向非洲派遣50个农业技术组，为非洲国家培训2 000名农业技术人才，提高非洲实现粮食安全的能力。

为落实中非合作论坛北京峰会精神，推动中非新型战略伙伴关系发展，农业部经过遴选和培训，在 2008—2009 年两年内选派了 104 名高级农业专家赴 33 个非洲国家开展为期一年的援助工作，超额完成了领导人的对外承诺。援非工作期间，专家们怀着高度的政治责任感，以帮助受援国提高粮食安全水平为中心任务，发扬艰苦奋斗的作风，克服种种困难，扎实有效地开展了各项工作：一是广泛深入开展调研，为受援国农业发展和中非农业合作建言献策；二是积极开展农业生产技术指导、培训、试验、示范和推广，促进了受援国农业生产和管理水平的提高；三是积极促进中方与受援国农业行政部门、农业院校和企业之间的合作，为中国农业企业赴非开展农业合作提供帮助和支持，为农业"走出去"战略的实施作出了贡献。

《非洲农业国别调研报告集》系列图书的出版，是援外专家辛勤工作的结晶，是中国农业援非工作的大总结。丛书全面系统地阐述了非洲 30 多个国家的农业发展概况、农业发展的经验和教训、中非农业合作的情况及设想等。相信这些鞭辟入里的研究和分析会对中非农业的合作发展有所裨益。

中华人民共和国农业部副部长

牛　盾

2012 年 7 月

目 录

科摩罗

厄立特里亚

埃塞俄比亚

科摩罗

—— Comoros ——

中国援科摩罗联盟高级农业专家组
（左起）赵正武、刘立云、席海军、郭碧飞

中国援科摩罗联盟高级农业专家组

工作时间：2009 年 8 月至 2010 年 8 月

组　　长：席海军，辽宁省朝阳市设施农业管理中心
　　　　　　教授研究员级高级农艺师

组　　员：刘立云，中国热带农业科学院椰子研究所副研究员
　　　　　　赵正武，重庆师范大学教授

翻　　译：郭碧飞，法语翻译

专家组成员与时任副
总统的 IDI 先生（左四）
及中国驻科摩罗经商处领
导（右三）合影

参观科摩罗农业学校
实习基地

讲解嫁接技术

现场技术培训

与农民和技术人员合影留念

与农民合影留念

第一部分　科摩罗概况

一、自然地理概况

科摩罗联盟（简称科摩罗）位于印度洋西部，南部非洲东侧莫桑比克海峡北端入口处，南纬11°20′至13°04′和东经43°11′至45°19′之间，东、西距莫桑比克和马达加斯加各约500公里。由大科摩罗、昂儒昂、莫埃利、马约特四岛和数座小群岛、珊瑚礁组成，各岛间距离不超过75公里，总面积为2 236平方公里。

科摩罗群岛系火山岛，境内几乎全是山地，具有明显的火山特点，同时各岛有各自独特的地理特征。大科摩罗岛1 148平方公里，面积最大，首都莫罗尼位于该岛中部。大科摩罗岛形成时间比较晚，是一个年轻的火山岛，目前仍然处于火山活动期，该岛南部卡尔塔拉火山海拔2 434米，是该岛最高点。该岛几乎都由石灰岩组成，地表层蓄水能力差，没有河流。南部高海拔地区是典型的热带雨林。大科摩罗岛东南是莫埃利岛，是四个主要群岛中最小的岛，面积290平方公里，最高海拔790米，该岛形成时期比大科摩罗岛早大约700万年，土壤较多。岛上有一个自然海港。昂儒昂岛位于莫埃利岛东部，面积424平方公里，最高火山峰海拔1 595米。该岛地表河流较多，但由于人口的快速增长，植被破坏，由以前40条地表河流减少到现在不足20条。岛上有一个科摩罗全国最大的深水港。马约特岛面积374平方公里，事实上是法国的海外领地，科摩罗政府不能在该岛行使主权，一些地方土壤相对肥沃，岛周围被珊瑚礁包围。

科摩罗群岛属湿热海洋性气候，年温差变化不大，雨量充沛。受季风和信风影响，全年大致可分为两季，即雨季和旱季。雨季从11月至来年5月，气温较高，湿度较大，多刮北风或西北风，时有暴雨。旱季从6月至10月，气候较凉爽，空气相对较干燥，时有较强的南风，并有雨。年平均气温23～28℃，最高气温约35℃，最低约20℃（图1、图2、图3数据来自莫罗尼国际机场）。年均降水量1 000～2 500毫米，2～3月份降水量最大。科摩罗气候多变，年均雨量分布不均衡，小气候特点突出。

首都莫罗尼全年日照时间为2 612小时，平均每天7.2小时，其中1月份每天6.0小时，6月份为7.7小时。全国不论在旱季或雨季，湿度都较大，相对湿度全年平均为70%～80%。

科摩罗资源匮乏，无矿产资源。山多、地少、水利设施缺乏。森林面积约

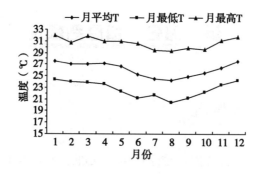

图1　2007—2009年莫罗尼国际机场月平均温度监测统计

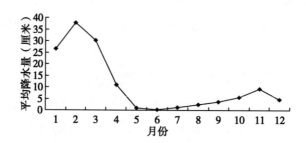

图2　2007—2009年莫罗尼国际机场月平均降水量监测统计

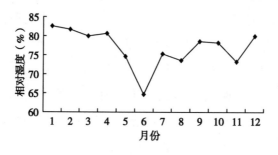

图3　2007—2009年莫罗尼国际机场月平均相对湿度监测统计

4 400公顷。海洋资源丰富,沿海栖息90多种鱼类。全国盛产依兰香、丁香、香草兰等香料作物,享有"香料之国"之美誉。

二、人文与社会概况

据科摩罗人口普查,全国有75.24万人,14周岁以下的儿童占总人口42.2%,男孩15.93万人,女孩15.81万人;15～64岁的成年人占总人口的54.8%,男性有20.35万人,女性20.86万人,65岁以上老人占总人口3.1%,男性1.05万人,女性1.25万人。全国人口增长率2.766%。科摩罗出生率为每千人35.23人。平均每个妇女一生中生4.84个孩子,婴儿死亡率每千人66.57人。科摩罗平均寿命63.47岁,男性61.07岁,女性65.94岁。全国识字率占总人口的56.5%，其中男性比率较高为63.6%，女性49.3%。

全国由5个部族组成，分别为阿拉伯人后裔，人口最多；乌阿马查阿族，属印度尼西亚混血种；马高阿族，是古代从非洲大陆贩卖到这里的奴隶的后裔，具有东非黑人的特征；卡夫族，是科摩罗群岛最古老的民族，人口最少，该族和马高阿族同属班图族；萨卡拉瓦族，属马达加斯加人血统。此外，还有法国、留尼旺、印巴等国侨民。科侨在法国有20万人，在马达加斯加有5万人。官方语言为法语和阿拉伯语。全国通用科摩罗语，科摩罗语由阿拉伯语和斯瓦西里语繁衍而成。科摩罗是南半球唯一的伊斯兰国家，98%以上的居民信奉伊斯兰教，极少人信仰天主教和基督教。

在西方殖民者入侵前，科摩罗长期由阿拉伯苏丹统治。1841年法国入侵马约特岛。1886年其他三岛也处于法国势力控制下。1912年正式沦为法国殖民地。1914年划归法国驻马达加斯加殖民当局管辖。1946年成为法国"海外领地"。1961年通过议会投票取得内部自治。1973年与法国签订协定，法国被迫承认科摩罗独立。1975年7月6日，科摩罗议会通过决议，宣布独立。

全国以岛为单位划分为省，每个岛为一个省，各省由省长（Gouverneur）领导。省下辖县、乡、村。全国共有3个省（不含马约特）、24个县、57个乡。大科摩罗省分管辖米察妙利、莫罗尼、丰布尼等13个县，34个乡，省会莫罗尼；昂儒昂省管辖穆察穆杜、多莫尼、锡马等8个县，20个乡，省会穆察穆杜；莫埃利省管辖3个县，3个乡，省会丰博尼。科摩罗是一个行政、立法、司法三权分立的共和国。2001年宪法规定，每个岛轮流当总统，四年一届，其余两岛分别为副总统，同时，每个岛也维持自己相对独立的行政、立法、司法系统，具有高度的自治。

三、经济发展状况

科摩罗是联合国宣布的世界最不发达国家之一。据开发署人类发展指数，在世界排名倒数第39位，但实际情况更糟。经济发展建立在外援基础上，没有或失去外援就难以发展。国内财源主要靠国际援助和海关税收。海关税收约占国家税收的80%。2007年科摩罗GDP为1 671.26亿科郎（1科郎＝0.0166元人民币），其中农业841.19亿科郎，占GDP总值的50.33%。全国80%的劳动力从事农业。工业基础薄弱，机场少，每个岛各一个，仅大科摩罗岛有国际航线，港口设施差、吞吐量小，缺乏资金和熟练技术工人，水电不能满足供应，工业主要是香料加工作坊，生产规模小，对香料进行初加工。另有采石场、小型服装厂和汽车修理作坊，产值仅占GDP总值的4%左右。其余来自于服务业相关的行业如旅游业、电力、交通等（表1）。

表1　2003—2007年科摩罗国内生产总值构成情况统计　（单位：亿科郎）

生产总值构成	2003年	2004年	2005年	2006年	2007年
农　业	714.92	731.41	781.10	795.70	841.19
加工业	61.74	63.43	66.66	68.23	69.95
电、气和水	21.48	22.14	22.92	25.84	29.16
建筑和公共事业	96.68	89.60	78.76	80.28	81.97
贸易、旅馆、酒吧和餐馆	239.38	244.74	272.61	268.00	263.87
银行、保险、房地产等	80.31	82.97	86.98	83.09	79.48
交通和电信	57.82	97.18	141.11	173.19	212.88
政府部分	149.05	153.40	158.54	160.99	163.71
其他服务	24.77	1.14	1.30	1.23	1.16
减去估算银行产品	31.79	49.99	78.86	75.40	72.11
总　计	1414.37	1435.96	1531.12	1581.14	1671.26

注：（1）贸易、旅馆、酒吧和餐馆包括进口费税；（2）数据来源于《Union of the Comoros：Selected Issues and Statistical Appendix》（February 2009，IMF Country Report No. 09/46），下表同

2007年统计，全国进出口总额为546.81亿科郎，其中出口49.65亿科郎，占进出口总额的9.1%，出口产品主要是香草兰、依兰香、丁香三大香料作物，约占出口总额的98%；全国进口497.16亿科郎，占进出口总额的90.9%，主要为石油产品、日用消费、钢材、水泥等。

第二部分　科摩罗农业发展概况

一、科摩罗农业在国民经济中的地位

2007 年统计，全国农业用地 15 万公顷，占全国土地面积的 67%。其中可耕种土地面积 7.95 万公顷，占 53%，永久性农作物 5.55 万公顷，占 37%，草场面积 1.50 万公顷，占 10%。

在农业 GDP 中，经济作物（主要是三大香料作物）占 13%、渔业占 21%、粮食作物占 47%，畜牧业 8%，林业占 11%。经济作物和海洋渔业是农民收入的主要来源。

科摩罗群岛是地质隆起的典型代表，可耕种土地多为丘陵山地，种植业生产零散分布、见缝插针，不适合规模化种植。从种植作物布局看，全国可分两个农业区，一是海拔在 400 米以下沿海农业区，经济作物如依兰香、丁香、香草、椰子等种植多。二是高山区，木薯、香蕉、旱稻、甘薯、蔬菜类种植量大，主要用于国内消费。从种植作物种类看，经济作物主要是依兰香、丁香、香草、椰肉；粮食作物主要是玉米、旱稻、木薯、甘薯、芋头、山芋、面包果、香蕉（绿）等；水果类有椰子、菠萝、木瓜、芒果、橘子、橙子、柠檬、香蕉、石榴、番石榴、草莓番石榴、鸡蛋果、菠萝蜜、荔枝、番荔枝、桃子、葡萄、柚子、枇杷、草莓、甘蔗、龙眼、青枣、牛心果、三捻子、西瓜、甜瓜等，其中最常见是椰子、香蕉、芒果，其他都是少见种植。蔬菜有番茄、木豆、花生、洋葱、茄子、黄瓜、青椒、奶椒、小尖椒、甘蓝、小白菜、四季豆、丝瓜、蛇瓜、佛手瓜、南瓜、白菜、麻茼蒿菜、生菜等。从耕作水平看，一句话可以概括，刀耕火种，非常原始。技术落后、缺少农机具和必要的农业投入品，农民文化素质低，思想保守，视野窄，依赖思想很重，缺少创新精神。从产量看，根据搜集到的资料数据及实地调研情况分析，由于农业技术进步滞缓，科摩罗种植业近十年各种农产品产量没有太大的变化（表 2）。

2007 年科摩罗捕捞渔业总产量约 1.67 万吨，无人工养殖。人均消费 29.8 公斤，80% 是金枪鱼（表 3）。渔业产业每年可提供 3.25 万个就业岗位，其中 0.85 万个直接岗位，2.4 万个间接岗位，占科摩罗总人口的 6%。2004 年与欧洲委员会签订了渔业合作协议，欧洲委员会援助 39 万欧元，其中 60% 用于支持科渔业政策，以提高海洋资源可持续开发。协议授予欧洲船队，主要是西班牙、葡萄牙、法国、意大利在科摩罗专属经济区进行金枪鱼捕捞，捕鱼税每吨 35 欧元。目前在科摩罗海域可能存在的船队据不完全统计有 57 个。总体看，科摩罗捕捞技术还处于非常原始状态，目前仍主要使用传统的带双桨（大科岛双桨，昂岛和莫岛为单桨）的三四米长独木舟（图 4），由于工具落后，渔民只能在离岸五六百米的海域进行捕捞，全国共有独木舟 5 000 只。渔业产业虽然很大程度改善了科摩罗人民的生活，但目前的产量仍无法满足日常生活需要。由于该国没有海产品加工企业，每年仍需从马达加斯加和塞舌尔进口袋装咸鱼，从摩洛哥进口沙丁鱼罐头。

表 2 　2003—2007 年科摩罗农产品产量统计

（单位：吨）

农产品	2003	2004	2005	2006	2007
谷物类					
旱　稻	1 161	1 145	1 153	1 149	1 145
玉　米	9 202	9 258	9 315	9 371	9 428
块茎类					
木　薯	43 290	42 804	43 788	44 796	45 826
芋　头	18 960	19 283	19 611	19 944	20 283
山　芋	19 589	19 979	20 379	20 848	21 327
甘　薯	16 432	16 435	16 809	17 203	17 598
蔬菜类					
木　豆	26 213	26 706	27 209	27 721	28 242
绿　豆	1 758	1 792	1 828	1 864	1 901
番　茄	5 832	5 961	6 093	6 227	6 365
马铃薯	543	557	570	584	598
花　生	2 511	2 544	2 578	2 612	2 647
洋　葱	839	858	875	894	912
其　他	1 339	1 367	1 396	1 425	1 455
水果类					
面包果	—	28 879	—	—	—
香　蕉	45 093	43 065	44 551	46 555	49 349
椰子（千计）	52 127	39 793	40 503	41 225	41 961
其　他	3 465	3 251	3 578	3 636	3 696
三大出口经济作物					
香草（鲜）	295	286	395	395	395
丁　香	3 013	2 631	3 000	3 000	3 000
丁香芽	354	309	351	254	157
依兰香花	2 279	2 120	2 350	2 161	1 988
依兰香精油	43	40	47	34	25

表 3 　2003—2007 年科摩罗捕捞产量统计

（单位：吨）

项　目	2003	2004	2005	2006	2007
产　量	15 965	16 000	16 200	16 753	16 700

图4 科摩罗主要捕捞渔船

科摩罗畜牧业不发达，草场牧场面积小而零散，主要是小型畜牧，没有机械化。科摩罗属于伊斯兰民族，主要饲养肉牛、山羊和绵羊，极少量奶牛。2008年统计，全国肉牛约5万头、山羊11.36万只、绵羊1.3万只（莫岛未统计）。肉类生产不能满足当地消费需求，尤其近年来牲畜进口带来的疾病使得科摩罗本地牲畜大量死亡，以及进口产品价格上的竞争优势使得当地产品受到强大冲击，严重阻碍了畜牧业发展。尽管近年来，需求量上升，但畜牧业发展基本上处于停滞不前，甚至有出现衰落的迹象（表4、表5）。

表4 2003—2007年科摩罗畜牧业产量统计　　　（单位：头、只、个）

畜禽产品	2003	2004	2005	2006	2007
肉　牛	50 000	63 828	60 937	63 457	65 573
绵　羊	21 000	16 271	17 085	17 814	18 219
山　羊	180 000	95 830	119 788	121 385	122 450
家　禽	300 050	310 000	340 000	344 474	353 421
半工业化生产					
肉　鸡	100 000	147 000	147 000	152 654	158 308
鸡　蛋	40 000	80 000	100 000	107 692	108 462

表5 2003—2007年科摩罗畜牧业产量统计　　　（单位：吨）

畜禽产品	2003	2004	2005	2006	2007
肉　牛	1 700	2 055	2 017	2 138	2 164
绵　羊	36	28	29	31	32
山　羊	415	524	564	600	626
家　禽	318	166	198	205	213
其　他					
牛奶（万升）	400.1	420.8	399.7	399.7	436.7
鸡蛋（万吨）	1 200.1	2 050.0	2 450.0	2 450.0	2 482.6

随着科摩罗人口增长，不仅粮食产量严重不足，而且蔬菜肉类也需要大量进口，以满足国内消费需求。2007年统计，大米进口38 281吨，占国内消费的90%以上，占进口总金额的10.35%。肉类（鱼类除外）5 116吨，占进口总金额的6.76%。

二、农业行政管理体系

1. 行政管理体系

科摩罗国家最高农业行政管理机构全名为科摩罗农业、渔业、环境、工业及手工业部（以下简称农业部），属于"大农业部"模式（图5）。

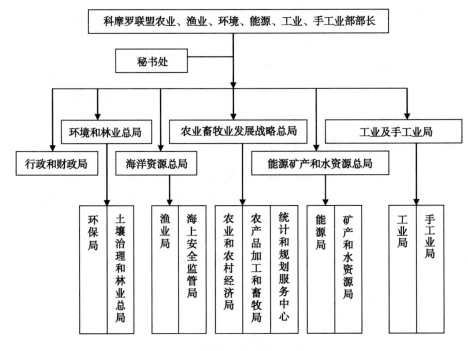

图5 科摩罗农业行政管理机构设置

农业部设部长一名，负责全面工作，由总统任免，在总统内阁中排名第四。现任部长由副总统兼任。下设秘书处、行政和财政局、环境和林业总局、海洋资源总局、农业畜牧发展战略总局、能源矿产和水资源总局以及工业和手工业总局七个部门。环境和林业总局下设环保局和土壤治理和林业局，海洋资源总局下设渔业局和海上安全监督局，农业畜牧发展战略总局下设农业和农村经济局和农产品加工和畜牧局，能源、矿产和水资源总局下设统计规划服务中心、能源局以及矿产和水资源局、工业和手工业总局下设工业局和手工业局。从机构职能上看，科摩罗农业行政管理机构主要是为了便于各自产业的一体化管理而设置的，具有二级管理的特点。以科摩罗农业畜牧发展战略总局为例，主要职能：制定农业发展战略；根据农业部的政策，执行由各援助方援助的项目；根据国家农业发展战略，监督各项目的运行情况；给下属部门制定对内和对外任务；促进农业发展和农业增值；提高农产品质量，促进农产品在市场流通；促进畜牧业发展；组织专业研究和专业培训。下设的农业农村经济局主要负责实施农业政策，保证农业发展计划正常进行，保证土地得到最佳的经营和管理；负责粮食、蔬菜生产服务；农业家庭和信用贷款及相关专业培训。农产品加工和畜牧局主要负责农产品的加工和增值，保证食品卫生，动物卫生检疫、畜产品改良等。

按照科摩罗行政管理机构设置，科摩罗农业、渔业、环境、工业及手工业部设编人员100人，其机构、人员、经费纳入政府管理和财政预算。但实际情况并非如此，目前，编制空余，而且由于科摩罗财政资金不足，政府常年拖欠公务员工资（据说每年最多可以发两个月工资），公务员工作热情不高，行政工作效率很低。

科摩罗三个省农业管理行政机构设置大致与联盟政府机构虽然基本相同，具有上下对应关系，但又拥有各自的其他管理职责，昂岛农业部门全名为昂儒昂农业、环境、旅游、手工业以及人权署署长，增加了关于人权和旅游方面的管理职责，莫岛农业部门为莫埃利岛农业、渔业、环境、手工业及侨民署，增加了关于移民方面的管理职责。

2. 涉农法律法规、农业支持保护政策

科摩罗涉农法律法规和支持农业保护政策不多，目前，仅有《投资法》、《消除贫困和经济增长战略》以及来自外援的用于支持科摩罗优势产业和消除贫困的阶段性农业发展项目。

《投资法》于2007年8月31日通过并开始实施，投资法规定对在农业、渔业、畜牧业、养殖业、旅游、信息和新技术领域的投资给予免除纳税待遇，免税期从原法律的5年期限，增加到10年。政府对投资实业的企业需要购买土地也有一些优惠政策及鼓励措施。政府为鼓励投资，专门成立了投资促进署（AN-PI），该机构负责协助外国企业和个人来科摩罗投资和从事经贸活动与政府建立关系，为外国企业负责介绍投资项目，并设有一站式窗口，办理投资企业注册等事宜。农业、渔业、能矿、手工业、工业、环保和旅游部负责农业、渔业、矿产和旅游投资项目。

2005年在毛里求斯召开对科摩罗援助方圆桌会议之后，东非成员国以及世界银行、国际货币基金组织为了消除贫困，促进科摩罗经济发展，制定了一揽子计划即《消除贫困和经济增长战略》，该计划把提高农业生产、竞争力和收入作

为发展农业的优先方面。这是一部指导农业发展的全面政策纲领。文件分析了科摩罗各个行业现状、抑制发展因素，以及发展前景，同时提出了优先鼓励发展的项目。农业方面，提出调整和巩固土地所有权、创造有利于农业发展的环境、提高农业产品生产量、大力发展渔业产业、提高鱼类产品的贮藏、加工、市场能力、防治牲畜外来疾病的感染等。

科摩罗主要是靠外援为主的国家，法国、欧盟、联合国粮农组织等为了支持科摩罗农业发展，提供了一系列的项目援助，如欧盟支持的香料办公室，为农民提供技术服务，免费送给农民生产资料等。

此外，一些优惠信贷政策，通过银行或信贷中介组织对农民进行小额贷款，其资金来源主要是外援。

三、农业经营管理体制

1. 土地经营管理完全私有化

科摩罗土地管理的最高行政机构是科摩罗地产服务中心，隶属于科摩罗经济财政部，负责土地产权认可、土地纠纷仲裁等。科摩罗法律规定，土地完全私有化，并且可以买卖和继承，无农业税；土地交易时，由买卖双方协商达成协议之后，通过科摩罗地产服务中心认可，并换发土地所有证。

1975 年以前，科摩罗属于法国殖民地，独立后，一些土地被当地农民占有或被分割，一直种植，成为事实占有，国家并没发给土地所有证。一些土地纠纷难以解决。

科摩罗地少人多，属于非洲人口最密集国家，大约有 30% 农民没有任何土地，他们多在当地大的农场主家租地或者打工，赖以维生。

科摩罗土地经营属于一种分散、落后的个体农业经济。规模小，力量单薄，无法采用新技术，阻碍了农业生产力的进一步发展。

2. 非官方或半官方各类专业经营组织在农业生产中十分活跃

科摩罗有各种农业协会，这些协会都是非官方非盈利组织，但有的具有很强的官方色彩，如科摩罗农业销售中心（CAPAC），多数都是非官方经营机构，这些机构在政府与农民之间发挥桥梁纽带作用，促进政府与农民的沟通和联系，更加符合农民的要求。全国最大的协会是 SNAC，会员约 2 000 多个，遍及全国三个岛，其中在大科岛规模最大，会员最多。SNAC 有 9 个分会，其中在大科岛有 4 个分会，分别是 SNAC-FM 蔬菜协会、Assavic 家禽饲养者协会、Lavani Mouigni

香草种植者协会、Trindi Djema 香蕉等其他粮食作物种植者协会等，会员 1 200 多人。国家农业研究发展中心也属于类似协会的机构，主要从事旱稻、玉米等方面的生产，此外比较大的还有国家农业联盟等。总体看，农民对各种协会认可度很高，而且有继续扩大发展的趋势，但协会存在的问题也很多，如普遍重视援助，忽视自我资本积累，重视形式忽视技术培训，协会经营理念不清，资金缺乏，技术骨干少，协会运作艰难、功能未能充分发挥。

四、农业基础设施与装备

科摩罗的陆地生态系统属于原始的地区生态，生长着热带阔叶林和亚热带潮湿阔叶林，各岛之间不尽相同。大科岛南部有一火山，名叫卡尔塔拉（Karthala）火山，火山口直径 3 公里，是世界上最大的活火山之一，卡尔塔拉火山森林从海拔 1 000 米开始，属云林或雨林。在 2 000 米高山地区分布着欧石南荒原和草坪。卡尔塔拉分布着很多科自然生长的植物，这种多样性的生态下分布着很多特有物种和濒临绝种的动物（科摩罗卡欧属、黑鹦鹉等），在火山底部，形成了一种森林和农作物混合的种植模式。

莫岛的陆地生态系统包括山脊森林和湖泊。Mzé Koukoulé 山脊从莫岛西部 Haouabouchi 延伸到东部 Gnombeni 峡谷，山脊生长着雨林和云林，这些地区还分布着附生植物（青苔、蕨、兰花）、棕榈树和藤本植物，包括香料和药用植物。在莫岛的东南部 Nioumachoua 和 Itsamia 之间，火山口湖 Dziani-Boudouni 是科摩罗唯一的一个大的淡水湖，栖息着占世界总量1%的鹏鹛（*Tachybaptus ruficollis*）、鸭子和迁徙鸟类。

昂岛人口密度最大，农业耕作条件相对较好，因此面临过度开垦的问题。森林大面积毁坏，目前只剩下一些高山和陡坡森林，约有 500 公顷的雨林和云林。在 Ntringui 山，生态多样化，蕨类、青苔、卷柏和乔木云林丰富。昂岛有两个小火山口湖（lacs Dzialandzé 和 Dzialaoutsounga），湖里有淡水鱼。

随着科摩罗人口增长，一些地方水土流失严重，科摩罗生态环境有逐渐恶化的趋势。有记载显示，在科摩罗出现第一批人类以前，森林覆盖全国，如今森林却只占了国家面积的六分之一。沿海植物和低海拔植物几乎都被人类破坏了，高山森林保护得较好，但很难统计面积。1983—1996 13 年间，莫岛未受破坏的高山森林面积仅剩26%［Moulaert（1998）］。在昂岛，只有难以进行耕种的非常陡峭的斜坡上的高山森林存留了下来。

科摩罗没有铁路，岛上交通工具为汽车，岛际交通工具为轮船和飞机。全国公路总长 793 公里（其中 553 公里为柏油路，240 公里土路），各种机动车辆约

4 000辆。科摩罗大科岛莫罗尼港口可停靠1 500~2 000吨船舶，昂儒昂岛穆察穆杜港为科最大港口，可停靠2.5万吨级船。首都莫罗尼有一国际机场，跑道长2 400米，原我国援建机场。

五、农业科技与教育

科摩罗农业技术服务力量相对薄弱。技术推广工作主要涉及政府部门、研究机构、技术咨询中心和农会、专业协会等多个机构。其中农会、专业协会在农业技术推广中扮演重要角色。

农业部主要制定农业发展的相关政策，不直接开展农业技术研究和推广工作，但对农业咨询中心和农会、专业协会有松散的指导关系，如帮助咨询中心、农会、专业协会争取农业外援项目等。

科摩罗三个岛农业咨询中心设置运作不尽相同。大科岛在岛的南部和北部各设一个技术咨询中心，中心工作经费及所有工作人员工资主要靠外援。昂岛按照县域设六个技术咨询中心，每个技术咨询中心有3~4名固定技术人员，属于公务员系列，国家财政拨款。另外根据项目需求不定期临时招聘技术员，工资从项目经费开支。目前，由于经费短缺，所有技术咨询中心主要通过争取国外农业项目开展工作，没有外援项目时正常技术推广工作基本停止。每个咨询中心都有自己的示范田或站内农场。当争取到农业外援项目时，如获得新技术新品种后，先在站内示范田进行引进试验，再对农民进行培训，这种培训完全免费。技术咨询中心有时根据项目的安排举办一些短期培训班。莫岛有三个农业咨询中心，其运作模式和目前现状与昂岛类似。

除了国家级农会或专业协会外，全国多数村都有自发组织的专业协会组织。国家级农会、专业协会往往能够争取到一些项目，为农民提供种子、技术并帮助农民销售。村级专业组织很难得到各类援助，更像一个农民互助组织，但是在农业技术推广和普及方面也发挥着重要作用。

六、农产品生产与加工

1. 香 料

科摩罗是盛产热带香料的国家之一，主要有香草兰、丁香和依兰香三大香料作物。

2000—2007年，科摩罗三大香料出口额处于波动式下滑趋势。2000年科摩罗三大香料出口总额 70 亿科郎，2001 年 88 亿科郎、2002 年 97 亿科郎、2003 年到达顶峰 113 亿科郎、2004 年下滑至 71 亿科郎，基本返回到 2000 年的水平，2005 年 44 亿科郎，2006 年 40 亿科郎继续下滑，2007 年 48 亿科郎开始反弹，2008 年，2009 年以及 2010 年的数据经过我们多次要资料，没有确定，但可以肯定的是，不会达到 2003 年的水平。从这一点看，科摩罗优势产业还需要进一步进行产业升级，否则任其发展，前景堪忧。

香草兰（Vanilla）

有"食品香料之王"之称，拉丁名为 *Vanilla Peanigoeia Ancer*。生长于热带雨林地区，是高级食用香料（图 6）。果荚含有香草醇、香兰素等两百多种芳香成分（图 7），其中香兰素占 2%～3%，广泛用于食品工业、烟、酒和高级化妆品。科摩罗是世界香草兰重要生产国之一，也是科摩罗第一大出口创汇香料作物。科摩罗全国三个岛都有种植，但主要分布在大科岛，占全年总产量的 80% 左右。

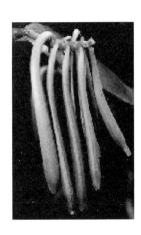

图 6　香草兰田间种植状况　　　　　图 7　香草兰豆荚

2003—2007 年全国香草兰年平均产量 353 吨，其中 2005、2006、2007 年维持在 395 吨，农民收购价平均为 3 662 科郎/公斤（鲜品），2003 年价格最高每公斤 8 900 科郎，2005 年最低为 750 科郎，价格下跌近 12 倍。出口离岸价（干品）价格五年平均 33 368 科郎/公斤，2003 年价格最高为 90 000 科郎/公斤，2005 年价格最低 11 353 科郎/公斤。具体产量及价格变化见表 6。

科摩罗香草主要出口美国、法国。科摩罗香草产业受到多方面的冲击，一是世界产量的增加和国际市场需求限制。有资料显示，由于合成产品的竞争，全世界每年香草兰的需求量难以扩大，一般在 4 000 吨左右，其中 3 000 吨左右来自马达加斯加。同时，为了提高农民收入，如印度一些适宜种植的国家和地区也开始重点扶持香草兰产业；二是国际市场价格不稳定，影响了农民种植积极性；三是缺乏种植技术。尤其种植病害严重影响了产品质量及产量；四是产后晾晒、贮藏、加工技术仍然处于较为原始水平；五是科摩罗政局长期不稳定，产业投入非常有限。从目前产业发展趋势看，由于香草兰是科摩罗农民重要收入来源之一，尽管存在各种不利因素，但总体产量仍然处于比较稳定的状态，个别年份受气候影响产量会有所降低。

表6　2003—2007年科摩罗三大经济作物价格　　（单位：科郎/公斤）

	2003	2004	2005	2006	2007
香草兰					
生产者价格（鲜）	8 900	3 500	750	1 500	—
出口价（f.o.b；干品）	90 000	31 220	11 353	16 817	17 542
易兰香					
生产者价格（花）	150	150	150~200		
出口价格（f.o.b；精油）	20 951	21 200	25 000	20 677	20 677
丁　香					
生产者价格	1 177	600~900	900~1 000		
出口价（f.o.b）	600	1 000	1 373	1 230	1 053

注：1）平均5公斤鲜香草兰可收获1公斤干品；2）香草兰生产者价格（鲜品）为最低价格

丁香（Clove）

拉丁名为 *Flos Caryophyllata*，木犀科丁香属小乔木，常绿，树高5~8米，在年平均降水量最低1 500~2 500毫米，海拔800~900米的温暖潮湿的热带地区适宜生长（图8）。树龄7年后一年开两次花。丁香起源于印度尼西亚。

目前在南亚、东南亚、印度洋群岛、拉丁美洲等国家都有种植。因花筒细长如钉且香故得名，又称洋丁香，丁香花序硕大、开花繁茂，花色淡雅、芳香，海风吹来，满林飘香，直沁心脾（图9，图10）。

图8　丁香种植状况

图9　晾晒丁香花

丁香的经济价值很高，是一种名贵香料和药材。丁香油不仅是食品、香烟等的调配料，还是高级化妆品的主要原料，又是牙科药物中不可缺少的防腐镇痛剂。作为商品的部位是含苞待放的丁香花蕾，它的叶片也含有香素。

科摩罗丁香种植主要分布在昂岛和莫岛，其中昂岛占产量的90%左右。丁

图10 丁香花干品

香树第5或第6年开始结果，第20年左右产量达到最高，若管理得当，生产树龄能达到75年。但产量受气候影响很大，年产量不稳定。科摩罗20世纪60年代至80年代中期，种植了大量的丁香树，目前进入盛产期，年产量至少可达1 800吨，包括丁香花萼和丁香花瓣，近年来基本维持在3 000吨左右。

据FAO统计数据，科摩罗丁香产量在全世界第四位，2004年占全球贸易的5.7%，主要出口欧洲，占欧洲需求量的20.1%，出口欧洲量仅次于马达加斯加。丁香国际市场需求相对稳定，印尼是主要的消费大国，主要用于丁香香烟，年消费量在65 000～85 000吨，欧州次之，年消费量10 000吨左右，我国在1 000～1 500吨。从2003—2007年，农民收购价及出口价维持在1 000科摩罗法郎/公斤左右（出口价除了2003年外），但二者差价在300～400科郎。目前有来自中国的一些商人也在科摩罗收购丁香，运回国内销售。

依兰香（**Ylang-ylang**）

拉丁名为 *Cananga odorata*，番荔枝科依兰属常绿乔木，又名香水树（图11），原产地为东南亚的印度尼西亚、缅甸、马来西亚、菲律宾等，随后传入非洲留尼汪岛、马达加斯加和科摩罗群岛。

图11 依兰香田间种植情况

依兰香种植后 2～3 年即可开花，高 10～20 米，花朵较大，长达 8 厘米，黄绿色，鲜花出油率达 0.5%～3%，具有独特浓郁的芳香气味，是珍贵的香料工业原材料（图 12），用它提炼而成的"依兰依兰"香料是当今世界上最名贵的天然高级香料和高级定香剂，人们称之为"世界香花冠军"、"天然的香水树"。

图 12　依兰香盛开的花

科摩罗是世界依兰香的精油最重要的生产国之一。2003—2007 年年平均出口 37.8 吨精油，其中 2005 年出口量最大达 47 吨，2007 年最低 25 吨，科摩罗依兰香的精油年均占全球市场近 50%。2003—2007 年农民收购价格基本稳定在 150 科郎/公斤（鲜花），出口离岸价 20 000 科郎/公斤以上（精油），其中 2005 年最高达到 25 000 科郎/公斤。

有专家分析，由于合成香水的竞争，西方市场的各类精油如丁香油、依兰香精油需求量缓慢下降，目前每年在 800～1 000 吨。马达加斯加是最大的供应国，尤其在欧洲占有主导地位。美国市场仅次于欧洲，但印度尼西亚因更加廉价成为最大的供应国。科摩罗依兰香主要出口法国，也有小部分出口到美国。

目前科摩罗依兰香产业主要有两个方面问题，一是依兰香种植园缺乏管理，技术落后，树木老化，有的树龄达到 50 年以上；二是蒸馏技术落后（图 13），精油的质量停滞不前。依兰香花太绿、太熟、枯萎、腐烂都会影响精油的颜色和质量，分馏技术的缺陷导致高纯度精油减产。

图 13　简陋的的蒸馏设备

2. 海产品

科摩罗海洋专属经济区 16 万平方公里，海洋资源丰富。据调查，海域栖息的鱼种类有 90 多种（表7）。年捕捞量可达 36 000 吨，其中 16 000 吨（48%）可手工捕捞，其余可进行机械化捕捞。高质量鱼类有金枪鱼、箭鱼、石斑鱼和龙虾等四类，50 公里内海域，大陆架深海鱼捕捞量可达 450～1 300 吨/年，沿海浅水鱼 900～2 700 吨/年，离海岸 50 公里的远海浅水鱼 1 300～2 000 吨/年。

目前，科摩罗年捕捞量大约在 1.6 万吨，不足可开发的 50%，具有很大的发展潜力。

表7　科摩罗海域栖息鱼种

种类	地方名	中文对照
浅水小鱼	（1）Mpava（2）Mpava mouneye（3）Daba（4）Daba（5）Mloulou（6）Trouyi La Mbassi（7）Mtsoumboui（8）Nkoulé（9）Nkoulé Madzi（10）Mpandzi（11）Mché（12）Mché Mamba（13）Hanalé Foundroudrou（14）Hanalé Mtsoutsou（15）Hanalé Mtsoutsou	（1）黑尾沙丁鱼（2）斑点沙丁鱼（3）SP 凤尾鱼，鳀鱼（4）海关凤尾鱼（5）圆唇香蕉鱼（6）圆鲱鱼（7）颌针鱼（8）查无中文对照（9）查无中文对照（10）法老飞鱼（11）查无中文对照（12）SP 舒鱼（13）查无中文对照（14）印度彗星鱼（15）红尾彗星鱼
浅水大鱼	（1）Mhadana（2）Ngou（3）Pangué（4）Mbassi manyo（5）Mpassi Kouri（6）Mbassi（7）Mbassi（8）poueré（9）Mbassi Ntrouaro（10）Songoro	（1）鲟鱼（2）查无中文对照（3）查无中文对照（4）大眼金枪鱼（5）帆船鱼（6）查无中文对照（7）胖金枪鱼（8）条纹肚金枪鱼（9）青枪鱼（10）蛙鱼
深水鱼	（1）Nkoungou（2）Nkoungou（3）Ndzyaché（4）Mrongo（5）Molé（6）Mdoungui（7）Fimanyo（8）Ntsantsalé（9）Ntsaouzia（10）Ntsangou（11）Kapwa moro（12）Nyadromoué（13）Ndzizi（14）Ntsehelé Maouet（15）Mvoué（16）Ntsehelé mounyé（17）Ntsehelé nyochi（18）Mzoussi mkoundrou（19）Mzoussi nyochi（20）Bandrama（21）Hassiné（22）Koutsé（23）Nkawa（24）Soumaha（25）Yawa（26）Hazi（27）Ntromboue（28）Nkawa simbi（29）Nangoussi（30）Tratraou	（1）红鳞鱼（2）红树林红鳞鱼（3）布尔日红鳞鱼（4）Job 红鳞鱼（5）红宝石鳞鱼（6）火鳞鱼（7）白鳞鱼（8）条纹鳞鱼（9）查无中文对照（10）查无中文对照（11）查无中文对照（12）查无中文对照（13）鸭嘴鱼（14）珍珠鸡石斑鱼（15）红石斑（16）大石斑鱼（17）毛毯石斑（18）鞍形石斑（19）星点隆头鱼（20）里加隆头鱼（21）甘薯石斑（22）白尾羊角鱼（23）闪光鲹鱼（24）彗星石斑鱼（25）长尾皇帝鱼（26）蓝纹鳞鱼（27）查无中文对照（28）黑鲹鱼（29）淤泥全鲕鱼（30）Sp 鳞鱼
珊瑚礁鱼	（1）Mhongojo（2）Do（3）Tsimi makassi（4）Nkourou maouet malomo（5）Tsimi（6）Holé（7）Tchekwa（8）Tsimi Mtsanga（9）Gousi Chitsosi（10）Madassane（11）Mrenou Gnavou（12）Mrenou mbawa makoundrou（13）Mrenou chilevou cheou（14）Mrenou（15）Mhoundragi（16）Mhoundragi moustari moundra（17）Mhoundragi anlama mbili（18）Chtrili nya- ndromoué（19）Chtrili tsanga（20）Chtrili ntsomoué（21）Nkowana（22）Mpandzi ya ouzimou（23）Samouli（24）Ngoué（25）Mnyo wa ntrovi（26）Chimasi（27）Ntassi（28）Ntassi Mwamba（29）Chicandra Bororo	（1）长鲹鱼（2）查无中文对照（3）剪子隆头鱼（4）丝足鱼（5）黑鳍大马哈鱼（6）Sp 隆头鱼（7）孔雀鱼（8）查无中文对照（9）鸟鱼（10）查无中文对照（11）玛格丽特鹦鹉鱼（12）六鳍鹦鹉鱼（13）圆头鹦鹉鱼（14）普通鹦鹉鱼（15）鲱鲤鱼（16）黄鳍卷尾猴鱼（17）双斑点鲱鲤鱼（18）马刀鱼（19）查无中文对照（20）查无中文对照（21）查无中文对照（22）火鱼（23）查无中文对照（24）查无中文对照（25）查无中文对照（26）查无中文对照（27）查无中文对照（28）查无中文对照（29）查无中文对照

种类	地方名	中文对照
软骨类	（1）Mpampa（2）Ntra（3）Ngnessa（4）Gombessa	（1）鲨鱼（2）鳐鱼（3）查无中文对照（4）腔脊鱼
头足类	（1）Mpouedza（2）Mpouedza Languissi	（1）章鱼（2）鱿鱼
甲壳类	（1）Kakatrou（2）Nkamba（3）Nkamba ya baharini	（1）蟹（2）虾（3）龙虾

科摩罗因宗教禁忌不食用螃蟹、龙虾等，市场上主要是鲹鱼、鹦鹉鱼、金枪鱼等产品，品种之间价格差异不大，销量最大的金枪鱼（占市场消费的80%左右）平均价格 1 000～1 500 科郎/公斤，其他在 1 500～1 800 科郎/公斤，且周年差异不大（表8）。

表8　2009 年 9 月—2010 年 7 月科摩罗最大批市场主要鱼产品平均价格

（单位：科郎/公斤）

种类	2009				2010						
	09	10	11	12	01	02	03	04	05	06	07
金枪鱼	1 000	1 000	1 200	1 500	1 500	1 000	1 500	1 500	1 500	1 500	1 500
红鱼	1 250	1 500	1 500	1 500	1 500	1 700	1 500	1 600	1 500	1 800	1 700

七、农产品消费、流通与贸易

科摩罗销售中心是科摩罗半官方性质的协会组织（中心负责人只承认是私人协会，但农业部官员认为是半官方性质），负责全国90%的农业生产资料进口（表9）。2006、2007、2008年，农药进口杀虫剂仅为两种，敌杀死和乐果，总量300升。杀菌剂也只有两种，化肥也很少，而且没有任何农业机械（表9为科摩罗国家农业销售中心2005—2006、2006—2007、2007—2008年三个跨年度的进口农业生产资料情况）。总体看，科摩罗农资市场供应呈现两个特点：一是相关农业生产资料奇缺。由于科摩罗地理位置偏僻、远离非洲大陆，市场容纳量小、交通落后、经营成本高，政府没有相关激励措施，农业生产资料经营风险大，商业利润低，经营农业生产物资的企业少，造成科摩罗各种农业生产资料短缺，且价格居高不下。以农药为例，市场上主要有雷多米尔、代森锰锌两种杀菌剂和乐果、敌杀死两种杀虫剂，远不能适应农业生产需求。二是农民虽然对新技术、新产品有需求，但短期内难以大量普及。科摩罗农民长期形成了刀耕火种的种植习惯，快速推广任何一种新技术、农业新产品如化肥、各种农业机械也不现实。以上两个特点决定了科摩罗农业生产资料的市场供应因坚持"少"而"全"、质优价廉的原则。表10列举了科摩罗农业生产中短缺的农业生产物资（仅供参考）。

表9　科摩罗农业销售中心部分农业生产投入品进口情况

农业生产投入品	2005—2006	2006—2007	2007—2008
肥　料			
复合肥（吨）	67	111	70
氮肥（吨）	16	27	27
钾肥（吨）	2	4	12
杀菌剂			
雷多米尔（公斤）	104	136	165
代森锌（公斤）	575	530	175
杀虫剂			
敌杀死（升）	166	195	164
乐　果（升）	225	113	52
蔬菜种子			
番　茄（公斤）	59	138	33
胡萝卜（公斤）	25	99	32
黄　瓜（公斤）		15	10
莴　苣（公斤）	10	65	18
甘　蓝（公斤）	11	43	8
四季豆（公斤）	15	80	40
茄　子（公斤）	0.5	1.5	2.5
柿子椒（公斤）	0.5	3.5	2
白　菜（公斤）	5.5	11	2.5
西葫芦（公斤）	1.5	2	2.1
洋　葱（公斤）	145	131	306
马铃薯种薯（吨）	27.65	29.7	29.6

注：数据来源于科摩罗农业销售中心。

表10　科摩罗农业生产中短缺的农业生产物资

类　别	科方实际情况	市场短缺产品
田间农业生产工具	锄头短小，铁质差，其他的田间农业生产工具也很缺乏	锄头、铁锹、砍刀、铁锯、枝剪、犁、简单的手动喷雾器、小型手推车等
农业生产物资	如农药、化肥仅从欧盟等地区少量进口种类少，价格昂贵	常用肥料如氮肥、磷肥、高效有机肥、叶面肥等；常用杀虫剂、杀菌剂；果树育苗的遮阳网、育苗袋、农膜、农用绳、芽接膜等；滴灌设备
农业生产技术资料	粮食作物、蔬菜栽培、果树栽培等几乎无技术资料，都是根据农民自身的经验种植	农业技术推广的小册子、病虫害原色彩图等农业技术资料
农业加工小型机械设备	无农业加工设备，如旱稻、玉米的脱粒基本是采用原始的手剥、敲打方式	小型的脱粒机、剥壳机、粉碎机、压榨机等
渔业设备	渔业设备简陋，渔网、渔线、海绵、渔钩等都是靠进口，价格昂贵	渔网、渔线、海绵、渔篓、渔杆等简单捕捞设备；小型的制冰机、烘箱等设备用于海产品的保鲜和简单加工

第三部分 科摩罗农业发展的经验教训和对策建议

一、科摩罗农业发展的经验和教训

1. 积极争取国外资金和技术援助

国外资金和技术援助是科摩罗农民科技素质提高、农业技术普及以及农村经济发展的最主要途径。驻科法国发展署是科摩罗最大双边援助者，自 1974 年在科摩罗设立，至今资助科方项目已达 100 个，项目资金超过 1 亿欧元。欧盟2001年开始，先后援助近 500 万欧元，以科摩罗香料办公室为依托，对科摩罗三大香料优势产业进行重点资助与扶持。欧盟进行了科摩罗渔业发展战略研究，为科摩罗渔业发展提出了有价值的建议。此外，国际农业发展基金组织、联合国粮食及农业组织、比利时、土耳其、非洲发展银行、伊斯兰银行等组织、国家和机构都以不同项目形式对科摩罗曾经或正在进行双边或多边援助。

通过援助项目的实施，政府及相关部门总结了项目的成功经验，吸取了教训，加深了对农业的了解，提升了对农业发展的认知度。为准确掌握科摩罗农业发展现状、科学制定科摩罗农业长期发展规划，提出了很多建设性意见。实际生产中，成功引进了山药、香蕉、红苕等多种高产、抗病农作物品种，集成了农作物栽培技术、畜牧养殖技术、渔业捕捞技术等多种适用技术，提高了农业生产科技含量及生产能力。同时，加强了农业基础设施建设，如水土流失治理、农用公路、蓄水池、土壤改良、水渠修建及农贸市场建设等。

2. 农业协会、农民协会是农业技术普及的主体

科摩罗各类农会、农业专业协会很多，协会组织灵活多样，经营方式不尽相同，有的主要依靠外援，如国家农业销售中心；有的自负盈亏、自谋发展，如多数村级妇女协会等。各类农会或农业专业协会是集约化生产的好形式，是科摩罗农业组织化生产最有效、最成功的组织。这些组织，在农业技术普及、信息收集，有计划、有目的专业化生产、收购并销售农产品等方面弥补了国家政府部门技术推广力量薄弱的不足，在农业科技进步和农村经济发展中发挥着重要作用。如科摩罗农业研究开发中心，从事水稻、玉米等粮食作物的生产开发，在大科岛建有 7 个水稻生产区，涉及 600 多农户，聘请顾问为农户提供技术服务，免费提供种子，最后回收产品，对引自中国、印度等国家的旱稻品种进行了筛选，获得

了7个主栽旱稻品种，与当地品种相比，产量提高1～2倍。总的来看，农民对各种协会认识很高，而且有继续扩大发展的趋势。一些偏远地区，尽管没有任何援助，当地妇女自发结合形成小农会，共同生产、共同销售，虽然组织简单原始，但不同程度整合了各类资源，提高了农民协会的活力，促进了农业的发展。

3. 注重优势产业

依兰香、香草兰、丁香三大经济作物是科摩罗的优势产业，在科摩罗农村经济发展过程中一直处于绝对优势地位。事实上，这些优势产业的发展是有着深刻的历史原因和现实背景的。一方面，殖民统治时期，和其他非洲国家一样，科摩罗也是欧洲重要的工业原料供应基地，政府把物力、财力、人力集中在三大经济作物的生产上。多数农民掌握或基本掌握了这些作物的种植技术。独立以后，这种种植模式以及习惯依然对政府及农民有着很深的影响。另一方面，经济作物的种植已经成为农民收入的重要途径，也是政府获取外汇的重要收入来源，国家还以这些外汇用于进口国内所需的工业品和生活用品。客观上，国家已经形成了产业优势，主观上，由于经济利益驱动，无论是农民还是政府，都不愿意放弃经济作物生产，都存在着"重经轻粮"的传统思想。

近些年，尽管科摩罗政府对三大香料产业没有直接投资，但是通过国家政府争取外援导向，以科摩罗香料办公室为依托，为该产业获取了很多外援资金和援助。科摩罗香料办公室是类似农会的专业组织，办公室隶属于科摩罗农业、渔业、环境、工业及手工业部。办公室主要任务是推广种植技术，并为加工商和出口商提供必要的援助。目前办公室有7人，其中包括两名专职技术人员和一名园丁，在昂岛和莫岛也设有分部。在农村，很多地方农户也自发成立香料种植协会。国外资金的争取，为协会正常业务开展提供了保障。农民对产业的认知，为产业进一步发展提供了发展空间。进而更加稳固了三大香料产业在农村经济中的优势地位。

4. 建立农业发展基金

农业发展基金为农业发展开辟了一条新的蹊径。各种协会除收取会员费外，农产品收入的一部分用做补充基金，如渔业协会将产品销售收入的一部纳入渔业发展基金，保障协会工作的正常开展。同时，有的地方由协会组织建立了农村金融机构，乡村银行为农业发展提供贷款。此外，一些援助组织和国家提供农业贷款项目和小额信贷资金，保障农业生产的正常进行。

二、科摩罗农业发展存在的主要问题

1. 缺乏有利于国家农业发展的总体环境

不利于农业发展的总体环境表现多个方面。首先，科摩罗政局长期动荡。尽管历届政府都认为农业是国家优先发展战略，都承诺要加大农业扶持力度，制定农业发展鼓励政策及长期规划，但出于政治考虑，多数雷声大、雨点小，目标多、措施少，空的多、实的少，政府一换届，新的取代旧的，旧的政策和规划不了了之，最终导致计划多，实现少。表面看，国家缺乏持续稳定的农业政策和措施，深层次原因则是国家政治决定了经济，对农业重视的承诺成为政治家选举的手段。长期的恶性循环，造成农业官员尤其是农民对国家的农业发展规划和相关政策漠不关心，"你制定你的，我干我的"，"事不关己，高高挂起"。其次，由于工作经费严重不足，加上长期拖欠工资，农业官员特别是专业技术人员对工作缺乏热情，存在"当一天和尚撞一天钟"的思想。缺少农业数据收集、记录、应用、市场信息研究等基本工作，农业无档案，技术不总结。对待农业中存在的问题，大家都嚷嚷，但没有专人去真正解决。最后是农民的认识落后。长期的殖民统治，农民文化素质低，依赖思想严重，缺乏农业科技创新热情，多数没有认识到运用改良技术进行农业生产的重要性。

2. 农业生产技术落后，文教科技事业不发达，研究和推广服务体系薄弱

农业生产几乎全部靠人力。"手持一把刀，头顶一个筐（塑料袋）"，是科摩罗农民田间劳动的最生动写照。一把长刀可以割草、种地，一个筐（塑料袋）可以从田地里往外运送收获的农产品。在科摩罗，只在国外援助的农场中能看到使用农业机械，农户几乎不使用机械化农机具，劳动效率极低。农业投入严重不足，化肥使用率低，农药种类少，刀耕火种，品种老化，单产面积低，有的甚至绝收。无农产品加工机械，如旱稻加工全靠石钵、石碾等。畜牧方面，牛瘟和传染性牛胸膜肺炎、寄生虫病等疾病流行，畜牧业发展停滞不前。渔业方面，捕捞技术落后，缺乏工具、投入，捕鱼能力不足，缺乏海产品保鲜加工技术和设备。科摩罗识字率低，文盲率达到总人口的43.5%，农村文盲率尤其妇女比例更大，而农业劳动力妇女居多。知识分子和科技人员奇缺，并严重外流。尽管全国有一个农业科学院，从事农业研究，但专业人员少，经费不足，无试验设备和实验基地，正常工作处于停滞状态。国家几乎对农业技术推广无投入，技术普及主要依靠外援。

3. 农业基础设施差

一是缺少农业灌溉设施。偶尔在一些农业生产区看见一个或两个小型蓄水池，但多为年久失修，未被充分利用。全岛 60% 人口饮用水来自农户房前屋后建造的露天雨水池，而且未消毒处理，40% 人口依靠沿海蓄水层，沿海蓄水层是大科岛主要的地下水源，但盐度很高，每升 2～6 克。总体看，尽管科摩罗年降水量丰富，昂岛、莫岛河流很多，但这些水利资源都未被充分利用，农业生产完全是雨养农业、靠天吃饭；二是科摩罗电费过高。平均每度电折合人民币近 3元，即使一些村已经通电，但由于价格昂贵，多数农民消费不起；三是交通设施落后。科摩罗每个岛仅有环岛公路，由于维修不及时，路窄坑多。农业产区道路欠缺不畅，多数农民田间劳作需要艰难跋涉于荆棘丛生、崎岖不平的小路上。航空、海运基础设施少，条件差，对外进行交往和贸易不便，甚至国内岛际间交通都很滞后；四是农业生产资料严重缺乏。农作物品种质差价高，化肥、农药市场供应种类很少。

4. 农产品销售渠道狭窄

交通落后，农产品进入市场不及时，并且运输成本高。农民获取国内外市场信息少，农事企业融资困难。国家缺乏农产品出口具体鼓励措施，出口销售存在产品标准、供应量和价格运输成本等多重障碍。农产品缺少正规市场和价格风险机制。多数农产品在当地村级市场上销售，自产自销，产量不足以出口，国内消费又有剩余，生产处于尴尬两难境地，产品积压、烂在地头现象时有发生，造成恶性循环。国家没有制定农产品标准，农产品价格定位简单，如市场销售的各类鱼，价格基本相同。市场交易非常原始，多以"堆"衡量，一堆多少钱，各种用于称重的秤，据说在最近几年才开始推广，远未普及。

三、对科摩罗农业发展的对策建议

1. 把农业放在实质上的国家优先发展战略地位

农业对科摩罗经济发展极具重要性，只有解决了农村发展问题，科摩罗社会经济才能稳步发展。因此，必须确立农业在科摩罗经济发展中的基础地位不动摇，总结农业发展经验和教训，科学规划长远目标、出台优惠政策，制定切实可行的具体措施，保持在国家发展中的相对连续性、稳定性。在制定政策规划中，要正确处理经济作物和粮食作物关系。一是要充分认识到粮食问题是科摩罗农业发展中的最根本问题，改变过去国家片面追求经济作物以换取外汇，忽视粮食作物生产，对粮食生产投资少，投入不足，本地粮价偏低等偏差。加大投资和粮食贷款，改善种子、农具、化肥等的供应，健全市场。整合农业企业、农业协会及政府部门等资源，集中力量，选择如大科岛 Pande 生产区、昂岛 koni 旱稻作物生产区等适宜旱稻生产或者有着种植历史的适宜区，重点扶持开发，建立小型粮仓基地，全面提高粮食生产自给能力，尽量减少粮食进口数量，提升粮食安全水平。二是要继续巩固优势产业地位，特别是要在产品加工、销售方面给予更多的扶持，进一步提高产品附加值，扩大国际市场份额，提升国际市场话语权，增强国际市场竞争力。

2. 发展文教科技事业，提高农业科技水平

农民是农业、农村经济发展的主体，农民对科技的渴望是农业技术进步的内在动力。从国家长远发展看，要大力发展文化教育事业，让农村未成年人特别是女孩充分享有受教育的机会，降低文盲率。从现实发展看，要学习借鉴国外先进的农业生产管理经验，加大农业技术服务的投入，创新科技体制，培养农业科技人才。改善工作环境，鼓励农业院校学生以及一些有志青年从事农业生产。充分利用电视、电台、报刊等宣传媒介，采取举办培训班、现场指导，培养科技带头人等灵活多样的培训形式，让农民确实得到采用先进科技的甜头，提高农民对科技应用的渴望，加快农业先进技术普及。

要继续争取国际农业外援，建立农业示范中心，展示先进的栽培管理技术和科技成果、以点带面，推动整个国家农业发展。要坚持理论技术培训和农业投入品普及相结合，加强农业投入品的市场管理，定期对全国农业投入品供应进行评估，根据国家农业发展现状，科学引进各种农业投入品，满足农业发展的需求。

3. 加强农业水利设施建设，推广保水节水技术

解决农业缺水问题有两条途径，一是最大限度贮水，二是高效利用水资源，即推广农业节水技术，如滴灌技术等，提高水资源利用率。湿季最大限度贮水用于旱季农业灌溉是一个最有效的措施。兴修水库、蓄水池和水渠，在粮食作物主产区域应建有水库，生产区建有蓄水池，修复修善现有水利设施，在雨季大量积水，确保旱季农业生产用水的需要；同时，加强土地改造，特别是大科岛，耕作土地多为坡地，火山石较多，清除土地石头和杂物，将坡地改为梯地，提高土壤的保水保肥能力。

4. 引导和支持各类农会、专业协会发展

科摩罗多数农民在小块土地上耕作，各自为政，用于养家糊口，仅有剩余产

品就地销售，技术缺乏，得不到国家财政支持，交易能力差，收入微薄，属于典型的小农经济。实践证明，大力发展各类农会、专业协会是加快小农经济向市场经济过渡，推动农村经济发展最有效途径之一，也是在缺少农业技术推广体系的现实条件下，加快农业技术普及的最佳手段。通过农会或专业协会，可以有效地把分散生产的农民组织起来，合理利用有限的农业资源，实现农业技术、农业信息等资源共享，扩大生产规模，建立行业标准，降低生产成本，实现有计划、有目的的专业化生产，提高产业市场竞争力。

为此，要积极引导和支持各类农会、专业协会的发展，深入研究阻碍农会、专业协会发展的各种因素，着力解决实际问题，制定农产品和农资销售税收优惠、争取各种外援支持，提供低息优惠贷款，帮助培养高技术人才等一系列有利于农会、专业协会发展的相关政策或措施，规范农会、专业协会行为，增加协会资本积累，提升自我发展的能力，带动整个农村经济发展。

第四部分 科摩罗与中国农业合作情况

一、中科农业合作进展成效

中国是第一个承认科摩罗独立的国家。自两国建交以来，两国在政治、经济、文化等领域的交往日益频繁，友好合作关系不断发展。农业合作方面，20世纪80年代初期，我国曾在大科岛援助了一个较大的集雨设施，尽管年久失修，但由于工程质量好，目前仍在使用。1987年中国政府援助的《科摩罗昂儒昂尼乌马克莱供水工程维修项目》，项目资金104.4万元，整个维修区域覆盖了方圆60公里的26个村庄和一个城镇，项目解决了尼乌马克莱地区十多万人的吃水和用水问题，在当地影响很大。进入21世纪以来，我国经济合作目的主要是改善科摩罗人民生活，比如援建机场、建设科摩罗人民宫、派遣医疗队等。农业方面现有一家民营企业从事饲料加工业，企业固定资产1 000万元，年加工鸡饲料能力1 200吨左右。此外有一家广州企业每年7月份到科摩罗收购丁香。政府间农业合作项目除了邀请科专业人士赴我国学习或者短期培训以及正在实施的"高级农业专家援助项目"外，其他方面都没开展。

二、中科农业合作发展前景

从农业投资的硬环境看，科摩罗农业基础设施落后，农技推广人员与农民的素质普遍不高，缺乏基本的农业技术推广手段，农业技术示范推广及宣传培训工作效率极低。同时，科摩罗自然条件优厚，面包果树等常年结果，充饥便利，加上科摩罗人民长期形成特有的生活方式，严格的讲，科摩罗不存在绝对的饥饿，造成一定程度上农民对采用农业科学技术缺乏主观要求，劳动积极性不高。从软环境看，尽管政府已把实现本国粮食自给作为政府的一项发展目标，但至今尚未出台有关鼓励发展粮食生产的具体措施，一些要害部门执行政策随意性大。

尽管存在这些不利因素，但是我们认为两国农业合作前景非常广阔，一是两国人民友谊深厚，科摩罗政局长期不稳定，但无论执政党还是在野党都很重视发展两国的友好关系，科摩罗人民对我国在科华人华侨非常友好，这对两国农业合作提供了最基本政治基础。二是科摩罗国家虽小，但是海洋资源、经济作物产业优势明显，只要科学调研，合理投入，完全可以实现"双赢"。三是2006年《中国对非洲政策文件》中阐明，中国将继续开展多层次、多渠道、多形式的中非农业合作与交流。重点加强在土地开发、农业种植、养殖技术、粮食安全、农用机械、农副产品加工等领域的合作；加大农业技术合作力度，积极开展农业实用技术培训，在非洲建立农业技术试验示范项目；加快制定中非农业合作规划。2006 年 11 月"中非论坛北京峰会"胡锦涛总书记提出"援非八项举措"以及 2009 年 10 月在埃及沙姆沙伊赫举行的中非第四次部长级会议温家宝总理提出的"援非新八项举措"，都把农业援助作为一个重要内容，以帮助非洲国家提高自主发展能力，促进经济社会全面发展。

三、对中科农业合作发展的建议

1. 建设小型 Pande 旱稻生产示范中心项目

Pande 生产区（这里指以 pande 为中心的周围区域）是科摩罗大科岛最大的适合种植旱稻的区域，位于大科岛北部，海拔 300 米，土地平整，可进行机械化作业，土层厚而肥沃，有多年种植旱稻的历史，但由于生产技术落后，鸟害较重，产量低，每公顷仅有 1～1.5 吨。目测保守估计近 1 000 公顷。初步估算，如按照 800 公顷旱稻种植开发，每公顷可生产 3 吨以上，每年可生产大米 2 400 吨，是目前科摩罗大米年总产量 2 倍以上。毫无疑问，这是对科摩罗粮食安全一大贡献。关于合作方式，虽然 Pande 是科摩罗大科岛最大的生产区域，但对于企业运营来说仍然很小，建议无偿援助和企业出资运作相结合，也可与当地企业展开合作，进行本土化生产，或者以该产地为基地，项目扩大到昂岛、莫岛两地。

2. 通过科摩罗农业学校进行技术合作

科摩罗农业学校是隶属于教育部的一所公立中等专业学校，也是全国唯一的一所农业学校，成立于 1962 年。学校学制两年，每年在校生 100 人左右，教师 6 人，同公务员一样，教师工资年年拖欠。学校不分专业，根据学生自己爱好，分类指导。学生入学不交学费，只交 1.5 万科郎的注册费，约合人民币 300 元。毕业后多数回到自己家乡自谋职业。

目前学校虽然困难很多，但是学校发展的潜力很大。开展以学校为培训平台，主要有基于以下两点考虑：一是可以对学生进行系统的培训。从长远来讲，学生思维活跃，容易接受新鲜事物，是科摩罗农业的未来。通过对学生传授知识、提升理念，可以全方位潜移默化地影响当地的农业生产习惯，有利于改善农业生产的大环境，为农村从业人员注入新的活力，起到星星之火可以燎原的作用。二是可以对当地技术人员和农民进行短期培训。利用学校教育基地，适当开展对农民和技术人员的短期培训，可以解决农民在生产过程中随时遇到的技术难题。

关于合作方式，可采取以下两种方式：一是选派农业专家到学校授课，对科摩罗传统主栽作物栽培技术、畜牧业养殖技术、渔业捕捞技术等进行系统总结，充分考虑当地农民的生产习惯，把我国农业先进理念融入进去，编写适合科摩罗国情的生产技术规程。二是对科摩罗农业学校设备进行必要援助，提升科摩罗农业学校硬件水平。

3. 在科摩罗建立长期的农业援助工作队

农业科技进步、农村经济发展是一个长期的系统工程。从两国农业合作长远发展看，在科摩罗建立长期的农业援助工作队将是一个不错的选择。农业援助工作队比我国援助的农业示范中心运作更加灵活，援助规模根据受援国实际需求可大可小，主要以物化技术形式提供援助，达到"既开方又卖药"的效果。在运作方式上，建议科方提供一定面积农业示范基地，用于专家做技术试验、示范，展示农业新成果，同时为专家提供必要的生活条件，如住房、水、电等。我国可根据科方需求定期分批选派专家，并根据科摩罗农业物资市场需求特点，引进适宜当地栽培的新品种、新技术，一些必需的农业投入品如化肥、农药，操作简单、使用可靠、价格便宜的农机具如小手扶拖拉机、旋耕机、脚踏式水稻脱粒机、脱扬机、稻谷碾米机等。坚持无偿援助与有偿服务相结合以及"以队养队"的原则，农业物资以低于科摩罗市场价格销售给农民，提供全方位的物化技术服务。根据经营农业物资利润多少给科方主管部门适当提成，以增加科方具体工作部门的工作积极性。条件成熟时，可完全进行商业化运作。在合作期间，可以选派一些有发展潜力的科方技术人员或者农场主（农户）到中国考察学习。

4. 针对科摩罗农业优势产品开展企业合作

一是合作开发海洋渔业资源。气候条件优越，没有飓风、地震和海啸威胁，通过企业开展海洋渔业捕捞，前景广阔。二是合作开发科摩罗三大经济作物，科摩罗依兰香、丁香、香草兰在国际市场占有很重要的地位，但管理粗放，产量低，合作潜力大。

吉布提
―――― Djibouti ――――

农业部顾问贾玛（中）
参观专家种植的牧草

专家示范种植的丝瓜

专家收获种植的牧草

第一部分　吉布提概况

一、自然地理概况

1. 地理位置、面积、地形地貌

地理位置

吉布提，全称"吉布提共和国"（The Republic of Djibouti），位于非洲东部（非洲之角），曼德海峡出口处，红海和印度洋的入口处，地处北纬10°54′~12°40′，东经41°53′~43°15′之间。西北、西部毗邻埃塞俄比亚，东北部与厄立特里亚接壤，东南毗邻索马里，东面靠近红海，扼红海的要冲，为非、亚、欧三洲的十字路口，是世界上最繁忙的海岸航线之一，其战略地位十分重要。

国土面积

境内辖阿里萨比、迪基尔、奥博克、塔朱拉和阿尔塔5个地区和1个吉布提市。国土主要由90%沙漠和火山组成，植被覆盖率低，绿洲和森林仅占全境面积的5%，总面积为23 200平方公里，其中，陆地面积为17 992平方公里，占总面积的77.6%；领海和湖泊面积5 208平方公里，占国土总面积的22.4%。目前，农牧业用地面积17 092.4平方公里，占陆地面积的95%，其中，种植业农业用地仅为105平方公里（2008年为125平方公里），占农牧业用地的6.1%。可放牧用土地16 987.4平方公里，占陆地面积的94.4%。海洋线主要位于吉布提共和国东南部，全长372公里。（表1）

表1　国土构成

国土构成	面积（平方公里）	占陆地面积的百分比（%）
领海和湖泊	5 208	—
陆地面积	17 992	100
放牧用土地	16 987.4	94.4
农业土地	105	0.6
边缘土地（裸露地，峭壁）	899.6	5.0
总面积	23 200	—

来源：全国抗干旱化运动项目，2005年

地形地貌

吉布提共和国位于地质构造板块扩张区域的框架里，地震、地面龟裂仍在继续活跃，如1978年阿尔杜克巴火山爆发，形成阿萨尔盐湖，1990年地震引起两处地质褶皱相重叠（一处亚丁湾—塔朱拉湾、阿萨尔—芒达依纳吉尔，另一处巴达—阿贝、芒达—哈拉罗至红海）。

三千万年以来，与阿拉伯、非洲和索马里板块分离有关地质构造活动引起区域性的阿法尔大洼地，"东非大裂谷"向北延伸至红海的开口处。因而它的国土90%以上被新生代火山岩系和形形色色的近代松散堆积物所覆盖，仅在东南部阿里萨比区城之南东方向，有少量侏罗系碳酸盐岩类及白垩系碎屑岩类出露。多期次大面积的火山活动，伴随着岩浆喷溢、地壳断裂、升降，形成了多姿多彩的火山岩地貌景观，如火山口、火山熔岩流、熔岩台地、断陷凹地等。

境内由于受非洲大裂谷（东非大裂谷）、红海大裂谷和阿顿海湾西—东断裂的构造线影响，并伴随新生代多期火山喷发的北西向构造体系，形成了高耸的号形山地与凹陷式平原相间地形地貌。火山岩和某些含冲积层的塌陷坑组成——第四纪的崩积层形成多山地形，地势由西北向东南倾斜，高差较为悬殊。全国地貌大部分为海拔不高的火山高原，间有低洼平原和湖泊，北部以山脉为主，海拔高度为700~2 028米（穆萨-阿里山为最高峰）；中部是洼地，阿萨尔湖是非洲最低处，海拔为－155米；南部为高原和平原交替的山地（海拔500~1 280米）。

山地 歌达山（最高峰为1 183米），马布拉山（最高峰1 382米），诸多山峰的高度都超过1 000米，北部穆萨阿里山顶峰为全国最高峰，南部的阿里萨比高地，地质构成最为古老，是侏罗纪时期的石灰岩和泥灰岩。

平原 平原主要为五个。歌巴德平原从迪基尔的西部延伸至阿贝湖；大小巴拉平原为沙质黏土成分的内流洼地，其地表非常平且寸草不生；汉雷平原是从西部延伸至加拉非平原；嘎嘎达平原位于优博基的东北处；阿罗平原由3个富含涌泉的大平原组成；多达平原在多拉的西部。

高原 达卡高原位于西南部，海拔高度由东向西递增（450~900米）；伽马雷高原处于埃塞俄比亚的边境处（嘎达伽马雷）海拔超过1 100米达到最高点；雅阁高原（1 389米）西南被嘎啦非/昂雷平原，东部被德尔艾拉平原包围；阿拉杜高原从歌达的最近的山脊延伸至穆萨阿里山的山脚，由宽阔的玄武岩整体组成；德塞纳高原处于达达托的南部；达拉高原严重受损，就像一系列被切开的小格子，岩层成分混杂（流纹岩和玄武岩）；奥博克高原的海拔由南至北递减，岩层主要成分为石珊瑚。

海洋：海洋位于吉布提共和国东南部，全长372公里，是世上最繁忙的海岸航线之一。领海和湖泊面积为5 208平方公里，占国土总面积的22.5%。

2. 气候类型

气象观测始于20世纪初期（1901年开始，吉布提赛尔邦气象站），1977年国家独立以后，除了吉布提赛尔邦气象站（1990年关闭）和吉布提机场气象站（一直运转）以外，大部分都不再运作。目前，反映的气象资料大部分为1978年之前，小部分是1978年至20世纪90年代的。光能、风能和地热（温泉）被称为吉布提三大无污染的天然新能源。

气 候

因地处赤道和北回归线的中点，气候属半干旱，其中，沿海属热带沙漠气候，内地近于热带草原气候，形成了海岸炎热潮湿，内陆低地炎热干燥，海拔高（700米以上）的地区气候温和。全年分凉季（11月至次年4月）和热季（5～10月）。

温 度

年均温度在23℃（一月）和39℃（八月）之间，最高气温可达45℃，其中凉季受来自阿拉伯沙漠地区的东北信风控制，在信风低空过境经过亚丁湾时，全国气候潮湿，平均温度大约为25℃；热季受东非刮的西南季风在索马里和吉布提共和国过境时深受焚风的影响。到达地面时变成干燥灼热的西风平均温度远远高于30℃，日平均温度超过40℃十分普遍。

蒸发量

全国年平均蒸发量为2 000毫米，其中，内陆地区蒸发量大，大约2 700毫米左右。

降 雨

降雨稀少且不规律。年平均降雨量150毫米左右，中部山地或南部高原向四周较低处或海边逐渐递减，其中，中部塔朱腊哥达群山降雨量较大，超过300毫米，北部奥博克降雨量少，小于100毫米。全年降雨多集中在10～11月，次年4～5月和7～8月。此时，降雨能形成地表径流，人们可蓄积利用人畜饮用和农田灌溉。如：汉雷平原地区，当水量达到10毫米并以降雨形式出现时，由于平原底层渗透性弱，可引起河流水位上涨，在平原区出现临时性短暂湖泊（图1）。

光 照

光照5～9千瓦时/（平方米·天），位居世界前列。日平均光照超过9.5小时的最高值是5月和10月，少于6小时光照是在1～2月和7月。

风 力

全国，风力状况还是比较稳定，平均4米/秒。凉季刮东北信风，热季刮北/西北喀姆辛风（表2）。

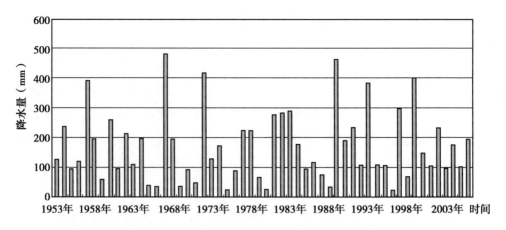

图1 1953—2003年吉布提市降水量

表2 全国各地区风速统计

位　置	海拔（米）	风速（米/秒）
阿塔尔	31	4.7
皮卡26	185	4.6
大巴拉	583	6.7
谷　贝	230	8.9
加里马阿巴	489	9.2
大巴黑阿雷	678	5.9
拉　比	49	5.2

3. 资源禀赋

水资源

地表水 吉布提没有永久性河流（歌达群山有部分泉水出露），只有短暂河流和季节河组成了全国性河流与水文网络。在近代火山活动频繁地带的塔朱拉湾以西，以及西部北西向大型断裂带，分布着线状天然热气逸出带和天然热泉。其特点是热源埋藏浅、温度较高，一般在 25～37℃ 。具有医疗和工业开发价值。

河流 长度达30公里以上的干河有14条。降雨后，通过大小不等的地表径流汇集形成短暂性的河流，河水最终大多蒸发或渗入地下补充地下水，剩余注入红海。由于干河流流域面积都比较小，流程短，汇流时间短，河道比降大，汛期洪水陡涨陡落，枯期断流，河岸承受高水位压力的时间不长，但一遇洪水，水流速度快，冲刷力特强，推移质多，有的河流一次洪水后，推移质就填满了河槽，再遇洪水，灾害性损失将迅速扩大 。

干河两岸及流域是吉布提城镇居民和农牧民生活生产活动的主要区域。根据土壤渗透性，降雨区，干涸河坡度以及集水区面积来判断，集水区可分为内流型和外流型。全国不包括与众多从歌达和马布拉群山流下的干涸河有关的北坡流域，共有53个集水区。最大的集水区是威玛、汉雷、撒代流域，面积为100～400平方公里，占总集水区面积的26%左右。

湖泊 全国有两处湖泊，阿萨尔湖和阿贝湖。其中，阿萨尔湖位于全国的中心，集水区面积接近1 000平方公里，地势十分陡峭。阿萨尔湖海拔低于海平面153米，最大深度达21米。湖水面积为54平方公里。湖泊的主要特性之一为它的矿化程度超过180克/升。诸如氯、硫酸盐、钙和钠之类的离子处于饱和状态，并能析出石盐和石膏，形成了占地61平方公里，最大深度达60米的浮盐层。阿贝湖位于吉布提西南部与埃塞俄比亚的边境处，是一处宽广的集水区，主要是由发源于埃塞俄比亚高原的阿瓦什河流补给，而吉布提境内的集水区的面积约为1 000平方公里，由发源自埃斯特的果巴德季节河流补给。阿贝湖的蒸发量也很大，矿化程度超过200毫克/升，其中钠离子和碳酸根离子的比重很大，它的化学成分主要是通过水面蒸发和通过阿瓦什的水量摄入以及产生上升气流的温泉水源而形成。现在的湖泊面积为110～120平方公里，比1973年的150平方公里，湖面下降了7～10米，湖泊的深度因而从30米降至20米左右，目前湖泊正在逐渐干涸中。

地下水 地下水资源分布：由于吉布提干旱、降雨稀少、地表水蒸发大，无永久性河流，地表水蓄积能力弱，造成全国目前严重缺水。但据吉布提地下水勘测图测算：上新世-最近玄武岩下含有丰富的连续性的含水层，测算图版的贮藏面积为9 590.5平方公里，占国土53.3%，水位深度20～200米，水资源至少估量为1 900亿立方米，具有极大开发潜力；位于山地或高原中下部的中新世上新世老玄武岩有间断性含水层，透水性较好，可以适度开采；位于山地或高原上部的中新世上新世老玄武岩或中新世流纹岩，透水性较差，开采难度较大。

水质状况：测算地下水勘测图中地下水的水质较好、矿化度＜1 000毫克/升主要位于塔朱腊西北部和西南部的广大地区，迪基尔北部和南部地区局部，地下水水质一般、矿化度＜2 000毫克/升，位于山地或高原与平原的交汇处。两图版分布面积3 855.5平方公里，占丰富连续含水层的40.2%，水资源估量为700亿立方米。

有关分析报告：据中国北京地质工程勘察院所勘测报告："汉雷和歌巴德地区沉积层和玄武层的含水层水可行性分析"。沉积层的含水层补给量与降水量关系密切，降雨入渗量为主要补给源。两个地区入渗量分别为3 126.6万立方米、850.5万立方米，而Hanle地区开采量估算为113万立方米/年，仅占降雨入渗量的3.6%；

玄武层含水层的地下水补给主要是埃塞俄比亚地区 Awash 河谷地区的河流，Abhe 湖上游的冲积平原，补给充分，具有较大开发价值。已采用的地下水大部分含盐量较高，不适合人畜饮用，但采取合理灌溉方式，能适合农田灌溉。据 2009 年农业专家组测 16 个农牧场灌溉水中盐分 0.43% ~ 1.09% 的，为盐碱水。

Ⅰ古老玄武岩蕴藏有水质优良的淡水资源。大部脆性岩脉侵入地段以及构造裂隙发育地段，都能找到淡水，且当汇水补给区大时，水量更丰富。东南部阿里阿德一带地下水为矿化度在 0.8 ~ 1.2 克/升的淡水，单井出水量达 500 ~ 720 立方米/天。

Ⅱ流纹岩中的孔隙、裂隙水、构造裂隙水开发前景较大。吉布提北部和东部地区都能进行开发。据首都 50 公路的豪勒镇以南的供水点的钻井深度 16 米，单井出水量 15 立方米/小时，静水位 6.7 米，单位出水量 5.24 立方米/小时；塔朱拉构造裂隙发育的断层交会带水质好，矿化度 1 克/升左右，钻井深 36 米，出水量 12 立方米/小时，静水位 9 米。

Ⅲ具有储水构造的各期玄武岩都能找到丰富地下水。据首都 45 公里的维阿河谷地带的玄武岩构造裂隙水矿化度 <0.7 克/升，井深 50 ~ 140 米，单井出水量 20 ~ 50 立方米/小时；中国援赠的阿里萨比西北 7 公里优质水井，深 70 米，出水量 20 立方米/小时，水位埋藏深 28 ~ 42 米，矿化度 <0.6 克/升。

Ⅳ松散冲积层中储藏潜水和承压水。迪基尔牧区的歌巴德平原浅层淡水水位 2.5 ~ 7 米，出水量 10 ~ 30 立方米/升。深层松散层地上水还有待开发。

因此，从地下水分布来看，吉布提不是一个缺水国家。着眼于各类火山岩系中的构造裂隙水、空隙裂隙水、层状裂隙水的探测，将是解决吉布提工农业、畜牧业、城镇人口生活用水的根本出路。

可利用水资源（表 3）

水资源利用主要是境内地表水和地下水及降雨，2008 年，可利用水资源量大约 3.84 亿立方米，人均占有量 491.1 立方米，仅占世界平均水平的 6.2%，为贫水国家。其中地表水 3.45 亿立方米、占资源量 89.8%，地下水 0.39 亿立方米、占 10.2%。境内集水面积近 2 000 平方公里的阿萨尔和阿贝两大湖与红海海水都是咸水，不能直接饮用。

表 3　全国可利用水资源量

水资源	资源量（亿立方米）	比值（%）
已用地下水	0.39	10.2
可调动地表水	3.45	89.8
可利用水资源总量	3.84	100

来源：水利司，2008 年

土地资源

土壤类型与分布　全国大部分地区缺乏详尽的土壤普查资料，对研究和实施区域内的农田灌溉、保水保土和土地治理等项目工作，形成了障碍。土壤分四类，其中，农业土壤主要是岩石风化堆积或冲积形成的石质土和冲积土两种土壤，且农业土壤发育较慢，土体普遍缺乏有机物质，不厚且多石。

石质土：为初育土土纲类。分布在中低山上部或高原斜坡的裸露玄武岩或沉积岩风化而成，土壤含砾石较多，类型多为 A／C。土壤多为粗骨性，土壤有效养分缺乏，肥力水平较低。

冲积土：为初育土土纲类，是吉布提主要农业生产土壤，较为主要分布在年降水量150毫米左右的内陆平原、干谷阶地和沿海地区，其中，沿海面积达 5 000 平方公里。土壤形成是岩石受水蚀、风蚀等物理风化，再由风力、水运作用搬运堆积而成，受运距、分化和筛选影响，多形成新积细砂土和新积粗骨性沙土两种土属。土壤中磷、钾、硼较为丰富，但缺氮和有机质，肥力水平中等偏下。

热带褐土：为铁铝土土纲，主要分布在年降雨250毫米左右的平原和高海拔大平原。该土壤多分布在山地的中上部 或顶部，林地居多，腐殖化显著，肥力水平较高，但易遭侵蚀。

珊瑚钙质土：为初育土土纲类。多分布沿海平原。由珊瑚、贝壳等分化而成。因该土壤受海水浸蚀，盐碱度较高，多为疏林地或者草地（表4）。

表4　全国农业生态区的土壤分布与性质

农业生态区	面积	年降水量（毫米/年）	二月（C°）	七月（C°）	土壤性质
地区Ⅰ：内陆平原和干谷阶地	—	150	27	40	冲积土：富含沙土的淤泥冲积土或富含淤泥的沙质冲积土
地区Ⅱ：沿海地区	5 000 平方公里	150	25	37	
地区Ⅲ：平原和高海拔大平原	—	250	21	33	热带褐土：非常肥沃的深层腐殖质土壤

来源：水利司规划，2000 年

森林资源

全国森林植被分布在沙漠边缘的平原、山区和沿海等地区，以金银合欢树、红树、刺柏等为主。植被受降水量影响大，覆盖率只占国土面积的 5% 左右：其中，山区以地中海型和吉布提共和国型植物（刺柏）为主，被国家保护的歌达高原和马布拉高原干旱阔叶林面积约 2 000 公顷，覆盖率达 20% ～60%，昂达巴和玛德古洼地（塔朱拉区）和基尼巴德（迪基尔区）分布稀疏、面积较小的金合欢属森林，红树群落主要集中在奥博克区的沿海平原区。全国其余地方覆盖大草原群系。

农业资源

首都附近农场优先种植椰枣树，配合种植几株番石榴树、芒果树和柠檬树，在低地种植的是蔬菜。首都之外的地区，混作配合果树栽培和蔬菜种植占主导。不同地区的农作物种植特色不同。因此，歌巴德平原和汉雷平原以种植番茄闻名，而山区如阿尔塔、邦古阿雷，朗达或维阿更倾向于种植芒果树、柑橘和香蕉树。

蔬菜作物和饲草作物以番茄、茄子、甜菜、胡萝卜、卷心菜、洋葱、西瓜、辣椒、生菜等为主，经果林以椰枣、芒果、番石榴、柑橘、香蕉等为主（表5）。

表5　不同地区适合种植的作物类型

农业生态区	作物类型
地区Ⅰ：内陆平原和干谷阶地	蔬菜作物，椰枣和某些果树如芒果树、番石榴树
地区Ⅱ：沿海地区	椰枣，饲料作物，抗盐碱的蔬菜作物，某些果树如芒果树和番石榴树
地区Ⅲ：平原和大高原	这是最适宜果树栽培发展的地区（柑橘，番石榴树，芒果树等）

来源：农林司，2005年

畜牧资源

吉布提的畜牧业比种植业和渔业占有更重要的位置，以传统游牧活动和现代牲畜转口贸易为其特色。全国可供放牧土地169.87万公顷（占陆地面积的94.4%），有15万牧民，约占本国民族人口的1/4，主要饲养牛、羊、骆驼，总量达109.7万头（只），其中牛4万头、单峰驼5万峰，山羊55万只，绵羊45万只，驴0.7万头，家禽5万只。国民信仰伊斯兰教，不养猪。牧民人均饲养热带大中牲畜7头。10%的本地牛引进欧洲公牛进行杂交改良。牛、骆驼、羊以产奶为主。2008年吉布提畜牧业年产值达0.24亿美元，占国内生产总值（GDP）10.49亿美元的2.3%，相当于种植业、林业、渔业的总和。

渔业资源

吉布提无淡水湖泊和河流，有海岸线长372公里，渔业资源丰富，可再生但是十分脆弱（珊瑚环境）。吉布提法律禁止工业捕鱼和拖网捕鱼，只能采取钓鱼线，渔网等对环境无害的捕鱼技术。渔业部门拥有一支由200艘机械化小船组成的船队，小船长7～10米。从事手工渔业这类生产活动的有约1 000人。海鱼类年产量约2 000吨，仅占每年可开发潜力资源47 000吨的4.2%，渔业产值占全国GDP的1%。当地人年均消费鱼类约1.5公斤，水平很低。鱼类消费市场有待开发。适合海洋水产养殖的两个主要物种（虾和藻类），存在较大的发展潜力。国家逐渐放开对渔业部门的控制，目前渔业全部由私人投资者运作，促进了渔业的发展。

据可靠估算，吉布提的渔业资源不容忽视。每年允许开采的资源潜力约为47 000吨，其中9 000吨被视作增值资源运往国外，受益者获得可观收入。最丰富的区域位于全国北部（奥博克区）和吉布提的南面（靠近索马里的水域）。根据渔业司的统计数据，55% 是底层鱼类，45% 是中上层鱼类。在捕捞最频繁的鱼类中，首先提到的是扁舵鲣（当地居民喜欢捕捞的金枪鱼品种），接着是石斑鱼、鲷、鲹、金枪鱼、鲆和绯鲤。

二、人文与社会概况

1. 人口、民族、语言、宗教

人 口

吉布提全国人口 78.4 万人（2008 年），其中吉布提人口 63.2 万人，外来人口 15.2 万人，占总人口的20% 左右。吉布提市人口约 47 万人，占全国人口的60% 左右。

人口增长率 约为 3%，如果把移民算进去的话，增长率约为 6%。

农牧民 约 15 万人左右，占吉布提人口的24%，其中流动游牧民有 6 万~9 万人。

服务业及其他行业人员 约 60 万人（包含外来人），本国人为 40 万人左右。

失业率 占就业人口的41% 左右，约为 30 万人，其中永久无工作人达 8 万人左右，占 12.7%。

民族和语言

民族主要有伊萨族和阿法尔族。伊萨族占全国人口的50%，讲索马里语；阿法尔族约占 40%，讲阿法尔语。另有少数阿拉伯人、欧洲人和混血种人。官方语言为法语和阿拉伯语，主要民族语言为阿法尔语和索马里语。

宗 教

伊斯兰教为国教，94% 的居民为穆斯林（逊尼派），其余为基督教徒。

2. 首都、行政区划及政治体制情况

首 都

首都吉布提市（Djibouti）是全国最大的城市，全国政治、经济、文化和交通中心，并且是东非最大的海港之一。位于非洲东北部的亚丁湾西岸，面对红海南大门的曼德海峡，地处欧、亚、非三大洲的交通要冲，扼红海入印度洋的咽喉，凡是北上穿过苏伊士运河开往欧洲或由红海南下印度洋绕道好望角的船只，都要在吉布提港上水加油，其战略地位十分重要，被西方称为"石油通道上的哨兵"。

行政区划

全国共分为一个市、五个地区：吉布提市（Djibouti-Ville）、塔朱拉地区

（Région de Tadjourah）、奥博克地区（Région d'Obock）、阿里萨比地区（Région d'Ali-Sabieh）、迪基尔地区（Région de Dikhil）和阿尔塔地区（Région d'Arta）。

政治体制

吉布提实行三权分立。议会为一院制，为国家的最高权力机构，享有立法权，并讨论制定下年度财政预算；政府实行总统内阁制，下设 16 个部委，总统为国家元首兼政府首脑，掌行政权力，司法机构分为县法院、一审法院、上诉法院和最高法院四级，实行法官终身制，吉布提作为伊斯兰国家，另设有伊斯兰教法官。

该国宪法规定实行多党制，现有合法政党 9 个。总统多数联盟（UMP）为执政联盟。

国际关系上，吉布提外交较为活跃，近年来奉行独立自主、多元化和务实的外交政策，重视发展与周边国家的睦邻友好关系，大力发展同阿拉伯国家的政治经济关系，积极参加非洲联盟及非洲其他区域组织的活动，维系同法国的传统关系，加强与美国的反恐合作。同时积极推进索马里民族和解与和平进程。基于战略地理位置，近年来已被国际社会确立为反索马里海盗的前沿基地之一。

三、经济发展状况

1. 经济构成

第一产业（农牧渔业）

2008 年，占国内生产总值的 4.8%，其中种植业约占 1.5%，畜牧业 2.3%，渔业 1%。

手工制造业

约为国内生产总值的 13%～15%。

服务业

占国内生产总值的 81%。

2. 经济指标与地位

人均产值

2007 年，人均国内生产总值约为 800 美元，经济增长 5.3%（2006 年为 3.5%），2008 年人均 GDP 为 1 215.9 美元。

2009 年 GDP

据 2010 年 4 月 IMF 公布：2009 年吉布提 GDP（以现行价格计算）10.49 亿

美元，人均 GDP 1 304.25 美元，按可比价格计算增长率 4.968%，排序 166 位，但比 2007 年排位 148，下降了 18 位。

贫困状况

现有 42% 的城市人口和 83% 的乡村人口处于极为贫困的状态。

3. 经济状况分析

吉布提是联合国宣布的最不发达国家之一，资源匮乏，自然条件差，经济十分落后。工农业基础薄弱，95% 以上的农产品和工业品依靠进口，90% 以上的建设资金依靠外援。服务行业在经济中占主导地位，1997 年占 GDP 的 75.8%。1993 年以来，由于北部战乱和索马里难民大量涌入，加之工业化国家、尤其是法国经济衰退，吉布提外来援助减少，财政危机日趋严重，国库空虚，经济困难，人均消费水平 6 年间降低了 35%。吉布提政府采取缩减国家财政预算，提高税收，鼓励外国投资和私人企业等措施缓解经济困难，同时优先发展生产部门，开发土地和海洋资源，努力减少粮食、食品对外国的依赖。

1996 年 4 月，吉布提接受国际货币基金组织条件，对经济进行结构性调整。由于执行"不力"，国际货币基金组织于 1997 年 3 月冻结对吉布提的贷款，直到吉布提做了让步后，才于 5 月主持召开援助吉布提的圆桌会议，法国、欧共体及沙特等提供 130 亿吉布提法郎，暂时缓解了吉布提的经济困难。1998 年 5 月由于吉布提共和国与厄立特里亚爆发边界冲突，吉布提共和国原经厄立特里亚阿萨布港转运的货物均转道吉布提港，使港口收入大幅增加，缓解了吉政府的财政困难。

据非洲发展银行 1999 年发展报告，1998 年国内生产总值为 5.19 亿美元，1980—1990 年的年均增长率为 3.7%，1991—1998 年为 2.6%，2008 年国内生产总值为 9.54 亿美元，人均 GDP 为 1 215.9 美元（表6）。

表6　2008 年吉布提相关经济数据

项目	GDP		人口（万）	外汇储备（亿美元）	外债（亿美元）	通胀率（%）	外贸总额（亿美元）	华对吉贸易（亿美元）	吉对华投资（万美元）	财政收支平衡（亿美元）	汇率（美元/本币）
	GDP（亿美元）	人均 GDP（美元）									
金额	9.54	1215.90	78.40	1.71	—	8.50	6.56	2.49	100.00	-0.16	177.72

第二部分　吉布提农业发展概况

一、吉布提农业在国民经济中的地位

吉布提因为第一产业不发达而显得与众不同，以畜牧养殖为主，粮食不能自给，每年需从欧共体、法国、日本等国接受 1.2 万吨粮食援助。据非洲发展银行1999 年发展报告：1990 年，吉布提有 500 多农场，农牧民约 10 万人，有牧场 23万公顷，可耕地 6 000 公顷，已耕作地 407 公顷，其中，可灌溉耕地 70 公顷；养殖牛 7.3 万头，骆驼 5.9 万峰，绵羊 47 万只，山羊 50.7 万只，捕鱼量 900 吨。1990 年农、牧、渔产值占国内生产总值的 2.6%，1994 年农业产值达到 3%，1997 年农业生产总值占国内生产总值的 3.6%。虽然吉布提农业产值占国内生产总值很小，但它养活了 25% 的人口。

2003 年，吉布提农业产值占国内生产总值的 3.8%，2008 年，吉布提总人口约 78.4 万人，农业人口约 15 万人，农业产值为 381.6 万美元，占国内生产总值4.8% 左右，年人均收入为 25.4 美元，其中种植业产值占 1.5%、畜牧业 2.3%、渔业 1%。2008 年农业产值比 20 世纪 90 年代初期提高 1.4%，比 20 世纪 90 年代末期提高 0.4%，比 2003 年提高了 0.2%，因此，吉布提农业产值增长十分缓慢，20 年内平均每年增长 0.07%，而随着人口增加，农业产品由 20 世纪 90 年代末期 25% 供给量，下降到 2008 年的 10% 左右，决定了该国 90% 农副产品需要依赖进口，为世界贫穷国家之一（表 7）。

表 7　吉布提社会经济情况统计（基准年 2008 年）

行政区（个）	行政村（个）	可灌溉土地面积（公顷）	总人口（万人）		人口密度（人/平方公里）	牲畜（万头、只）		耕地面积（公顷）		人均耕地（公顷/人）	资金投入（万美元）		农业GDP（万美元）	农牧民人均GDP（美元）
			合计	农牧民		小牲畜	大牲畜	其中	已灌溉		水利资金	比值（%）		
6	220	726 580	78.4	15	8.8	100	9	10 000	1250	0.01	1 019	67.4	381.6	25.4

二、农业行政管理体系

1. 农业部组织机构

根据吉布提政府 2001 年 10 月 1 日颁布法律，成立了农业畜牧海洋水利资源部（下称农业部），2006年成立吉布提国家水务局，2007年农业部进行了结构调整，国家水务局、渔港、食品卫生实验室大麦若检疫中心归属于农业部管理，并设置了隶属于该部的技术推广部门：国家农林司、畜牧兽医司、水利司、重大工程司和渔业司以及乡村发展地区机构。这些机构行政上归农业部秘书长管理。吉布提农业部组织架构见图2。

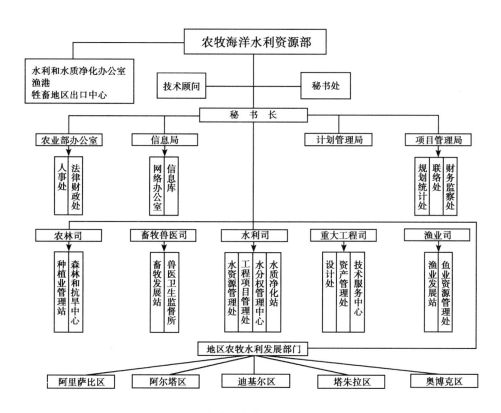

图2　吉布提农业部组织机构图

2. 人员构成

农业部实行部长负责制，并成立秘书长、数名技术顾问以及秘书处组成的部长内阁，协助部长行使具体职权。该部现有人员248人，其中行政人员93人、各类技术人员93人，各占总人数的37.5%。工作人员主要集中在吉布提市达233人，五个乡村发展地区机构仅为21人，占总人数的8.5%，人员结构呈倒"金字塔"，基层人员严重不足。人员结构也不合理，在各类行政和技术人员中，工程师以上职称仅为45人，占18.1%（表8、表9）。

表 8　人员分类（按职位）

部门/司	公务员	签约人员	总计
内　阁	7	6	13
秘书处	2		2
计划处	2		2
行政司	2	5	7
水利司	19	60	79
项目司	2		2
农林司	32	30	62
畜牧兽医司	19	45	64
渔业司	8	9	17
总　计	93	155	248

来源：农业部，2009 年

表 9　不同级别职员的分类

部门/司	高级职称或其他	工程师	高级技术人员	技术人员	助理技术员	总计
内　阁	2	4	1			7
秘书处	1	1				2
计划处			2		1	3
行政司	1	1				2
水利司	3	6	3	7		19
项目司		1		1		2
农林司	6	9	5	5	7	32
畜牧兽医司	5	1	5	2	5	18
渔业司	2	2	2		2	8
总　计	20	25	18	15	15	93

来源：农业部，2009 年

3. 涉农法律法规、农业支持保护政策

涉农法律法规

目前，吉布提只有 2007 年 12 月 22 日颁布的《关于农业、畜牧和海洋部机构设置》的第 200 号法律（议会通过，总统颁布，下称农业总法）和渔业管理规章（农业部法令）。《农业总法》是规范农业行政活动的主要依据。此外，农业种植、畜牧兽医领域没有颁布独立和完整的行政法律和法规，也未调查到相关技术规范和方案。

关于农业、畜牧和海洋部机构设置的法律，主要内容是农业部种植业、畜牧业、渔业、乡村水利等内设机构设置及职能规定。

渔业规章

法令：关于实施 2009 年 9 月 9 日颁布的渔业法的规定；

决议：关于珊瑚礁品种开发管理的规定；

决议：关于钓鱼许可证授予管理的规定。

畜牧有关可引用的法律条文

目前，吉布提还未颁布本国专门的畜牧兽医行政法律和规章，畜牧兽医行政依据相关法律条款，非常凌乱，可引用的相关行政法规条款有的已经非常古老。列举如下：

1951 年 3 月 3 日颁布的法令《关于动物卫生督察（传染病的定义，消除传染病，安全措施和公共卫生)》的第 244 条。

1956 年 8 月 1 日颁布的法令《关于食品和动物源型产品及副产品》的第 119 条。

1956 年 8 月 1 日颁布的法令《关于吉布提共和国的活畜和动物源型产品的进口、中转、出口及国内流通》的第 1120 条。

众议院 1968 年 5 月 24 日通过的决议《关于阿法尔和伊萨伊法属地的卫生和道路管理》。

1985 年 8 月 13 日颁布的法令《关于畜牧部门和渔业部门的确定牲畜出口费、税的可用价目表》的第 85 条第 1162 款。

2001 年 10 月 1 日颁布的法律《有关农业、畜牧和海洋部机构设置》的第 142 条。

2003 年 8 月 3 日颁布的法律《有关上述法律修改》的第 23 条。

2007 年 12 月 22 日颁布的法律《关于农业、畜牧和海洋部机构设置》的第 200 条。

2008 年 7 月 6 日颁布的法令《关于调整费用价目表制定卫生证且保证粮食安全》的第 2008-0421 条。

关于《活牲畜出口决议》的 79-1555/PR/MCTT 条。

关于《牲畜出口税减免》决议的 92-0646/PR/MCTT 条。大部分的牲畜出口税都减免了一半，内政部收取的海运税已被取消。

农业支持保护政策

吉布提的乡村居民前身是牧民，在国家独立前全国没有重要的农业生产活动。独立后，特别是近五年，政府出台了一些激励政策与措施：

采取土地分配，建造农业水利基础设施，配备有太阳能排水系统的深井，无偿提供种子、生产技术，实施小额贷款和农用设备减免税政策，鼓励传统牧羊人定居在干涸河肥沃的阶地，从事农牧业生产活动。这不仅有利于自给自足的小型农场的发展，而且促进了私营企业或个人大规模投资农业生产，提高农业生产力。

水利司出水口地方管理部门，制定了合理管理出水口政策，鼓励技术合作伙伴和非政府组织、社团参与管理集体调水活动中来。目前，有30多个出水口管理社团参与了政策培训，参与了所在地区的出水口管理。

国家鼓励创办畜牧养殖场或农牧综合种养场，通过项目优先给予物资和技术培训扶持。

国家鼓励私人从事手工渔业活动，在技术培训方面给予支持。

对销售或经营农牧产品的税收实行减免或优惠。

三、农业经营管理体制

吉布提经济社会政策法规明确了农业产业发展的政策：对农业、畜牧业、水产养殖赋予土地特许权，实行私有化经营和管理，减免农业税收。一方面，鼓励传统牧羊人定居在肥沃的干谷阶地，从事农牧业生产活动。另一方面，鼓励国内外各阶层人士投资开发可耕土地，扩大耕地面积，积极发展农业种植、畜牧业和渔业生产和推广示范活动，以提高本国的蔬菜、水果、畜禽肉蛋奶、海鱼类的生产水平和自给率。优先发展适应当地环境的绿洲农业，尤其是椰枣树的种植。2010年，全国累计有各类中小私营农牧场1 700多个，农牧渔业各类生产和经营合作组织31个。近5年，成功引进国外投资者开发农业项目。阿拉伯投资和农业发展机构INMAA公司在首都吉布提市郊区20公里外成功建设4万只规模集约化蛋鸡和肉鸡养殖场，并准备在塔朱拉区的沿海平原、迪基尔区的汉雷平原开发100多公顷的土地，进行温室蔬菜种植试点生产。国家农业行政管理体系在贯彻落实农业产业发展政策中发挥了不可忽视的作用。

农业部除了国家农林司、畜牧兽医司、水利司、重大工程司和渔业司5个技术部门外，还成立了农业部新增设的分支机构——5地区乡村发展机构。由于农业部经营机构人力资源有限，后勤保障不足，无法向生产者提供支持和监察。因此有必要向这些分支机构配备合格人力资源以及提供后勤保障，确保向生产者提供持续支持。同样有必要加强生产者机构能力建设，建立农资产品销售网（种子，肥料植物检疫产品等）（表10）。

表10　农业机构的主要职能和责任

提供的服务	相关机构
推广和培训	农业、畜牧和海洋部的中央技术部门，乡村发展区域机构
灌溉	农林司
吉布提经济发展基金	对中小型企业以及种植业生产、畜牧业生产和渔业生产发放贷款
研究	吉布提科研中心
乡村地区林业活动发展	农林司：林业和抗干旱部门

提供的服务	相关机构
兽医服务	畜牧兽医司：内陆五个地区分布的兽医站、兽医技术人员和兽医护士
交易和牲畜销售	首都养殖场负责当地市场。由一家沙特阿拉伯公司管理的区域牲畜出口中心负责牲畜出口到中东地区
肉类销售	首都的肉店由吉布提屠宰场供货，屠宰点向地区的肉店供货

行政管理体系

农林司

负责有关种植业生产、植物保护的形成和发展以及荒漠化防治等技术推广工作。因此，该部门包括森林荒漠化防治、种植业生产两个部门。

森林和荒漠化防治部门 设置森林和荒漠化防治两个分部，并与环境部合作，处理荒漠化防治有关事务。职责：

进行有利于更好了解植物的研究；

在保护林业范围内制定和实施项目和计划；

向森林保护领域的研究或计划提出技术建议；

向居民提供森林保护方面的信息和培训；

与其他有关部门一起参与国家林业发展策略和政策的制定；

制定全国荒漠化防治战略；

同国家机构和国际机构合作，防治荒漠化；

对职权范围内的活动给予计划建议。

种植业生产部门 该部门处理种植业生产有关事务，设置种植业生产、植物保护分部及研究、管理和支持农民分部。

Ⅰ种植业生产和植物保护分部，包括种植业生产和植物保护分支机构。职责：

制定促进农业发展的战略和行动计划；

通过制定有关农业用地土地使用权的文本来安定生产者；

建立农业数据库，传播农业数据；

建立最适应本国特殊条件的农业生产资料物资、价格和供给制度以及技术信息服务；

防治农作物的害虫；

检疫进出口植物和植物源性产品，以免新的疾病和有害的基因株传入。

Ⅱ研究—管理—支持农业分部，包括研究、监察，管理、推动和统计三个分支机构。职责：

进行关于最合适对付捕食性动物的研究；

与其他机构合作，特别是吉布提科研中心，进行有关农业发展和林业发展的研究；

研究改善经济效益的生产系统（多样化，种植业生产和畜牧业生产协会等）；

与农民一起，在实地环境进行研究和实验；

开展能更好地了解全国农业潜力的研究；

制定针对农民的培训方法；

培训农民和农牧民新的耕作技术；

向农民和农牧民推广最适应当地农业气候条件的生产系统；

制定关于合作社的数据库；

向合作社提供必要的支持；

通过农业资料供应和产品销售，发展种植业生产的产业链。

水利司

主要任务是水资源政策的制定和实施。此外，它还负责农业部关于水处理和雨水排放政策的制定和监督。包括水资源部门，工程和项目部门，出水口管理部门和水处理部门四个部门。

水资源管理部门　该部门通过水资源开发监控措施的实施，主要负责水资源的监控和研究，包括水资源知识的公布和改进，水资源数据存档和使用，以及水资源的保护。另外，该部门还负责协调有关水资源政策和信息的活动。

所有关于水资源及其需求的数据集中和运用；

编辑水利气象年报、水利气象数据图；

公布出水口清单；

管理关于水资源和水资源开发的国家档案；

运用水资源相关的信息。

工程和项目部门　该部门的任务主要是水利工程和业主主管部门。以提供内部服务的方式为农业部其他部门或机构服务，包括设计室和业主主管、排水技术两个分部。

设计室和业主主管分部门职能：

出水口建造的研究；

根据水的可用性，进行工程设计；

工程的财务评估；

管理定期公布的单价清单；

制定设计图；

向工地监督和工程验收提供支持。

排水技术分部门职能：

对农业部实施的工程或外来参与者经部长同意后领导的工程提供支持；在此范围内，它可以负责钻井施工，或者对私人企业实施的钻井工程的监控和监督；

与其他相关机构合作，通过使用可再生能源，进行多种排水方法的研究和实验；

挑选和确定最合适的排水方法，以免水资源的过度开发，控制泵送费用并减少居民对燃油供应的依赖性；

对每个在具体安装情况下接受农业部鉴定的系统的优缺点进行技术经济比较评估；

借助太阳能泵、风能泵或利用人力牵引或牲畜牵引的计划的设计和执行；

公布全国运转的使用可再生能源的泵送设备仓库清单；

编写这些设备运转后的小结；

用来排水的可再生能源发展所增加的战略制定；

协助技术知识的传播和负责养护小组的技能改进（包括在私营部门）。

出水口管理部门 包括一个"宣传和推广"分支机构职责：

对被吉布提国家水务局认为社会条件艰苦，需要发展水资源供给网的乡村地区和城区进行干预；

成立出水口地方管理委员会；

鼓动、宣传并在行政上支持水资源管理委员会；

促进水资源地方管理委员会，区域委员会，对水资源管理进行干预的国家中央和地方部门以及区与区专员之间的联系；

通过依靠居民参与，重新定义国家的职责，并紧密联系国家地方分权进程，从而制定并公布国家出水口管理战略。

水处理部门 主要是确定和监督农业部有关水处理和城市道路政策。职责：

遵循农业部的指示，明确并制定水处理和城市道路的政策；

协调和监督这一政策的运用和实施；

监控城市基础设施和水处理的研究与实施（规划，城市划区计划，道路网，装备计划）；

在相关部门或特权享有者的支持下，编制和修订雨水排放网和污水处理网的基本计划；

对城市技术设施相关的行政许可申请提出意见；

支持并指导其他部门机构或公共辅助机构筹备、研究和监督城市基础设施以及雨水和污水处理工程的实施，这些干预活动可能引起签订个别协议；

编写规章制度文本以及管理水处理部门的指示；

与部门其他参与机构共同向公众宣传水处理政策。

重大项目工程司

主要任务是地面蓄水池和通往各个水利工程的道路的设计和施工。为此，它与装备和交通部下的装备司，外部机构和内陆地区行政单位的技术部门紧密合作。包括设计和监控部门、设备仓库管理和养护部门、技术部门等三个部门。

设计和监控部门　包含设计分部和管理分部职责：

明确地面水利工程和通往水利工程道路建设的需求；

明确设备需求，制定和量化关于蓄水池和通往水利工程的乡村道路的修建和修复的投资项目；

开展蓄水池和道路修建所必须的研究。

设备仓库管理和养护部门　包括养护车间分部和储备仓库分部。

对农业部所有车辆和器械的监测、控制和维护；

运往农业部设备仓库的备用零件储备的购买和管理；

不断更新的储备清单的管理；

制定和实施农业部设备仓库使用和维修计划。

技术部门　包括地面蓄水池分部和道路分部。

实施农业部政府项目，这个任务包括地面蓄水池和通往水利工程的道路建造；

贮水池的日常和定期养护、常规项目的管理和监控，包括通向乡村泵送站水利工程的道路。

乡村发展地区机构

受秘书长管理，与中央部门和地方单位合作，负责水利、农业、畜牧业和渔业相关活动的实施和监督，并推广宣传国家司级单位在与区域行政单位协商后所确定的部门政策。包括水资源分部和乡村发展和粮食安全分部。每个乡村发展地区机构（办事处）由水利司、农林司、畜牧兽医司和渔业司（靠海的地区）的成员组成。

畜牧兽医司

畜牧兽医司包括畜牧业、动物卫生监督 2 个部门，负责全国的畜牧业发展、动物检疫和食品安全管理。

畜牧业部门及职责　包括畜牧生产、动物防疫、兽医实验室三个分部。

畜牧生产分部负责实施畜牧业发展计划和项目、推广畜牧技术、放牧活动管理等；

动物防疫分部负责防治和消灭动物疾病、控制和消灭害兽等防疫活动；

兽医实验室负责寄生虫病、细菌学病、病毒病等动物疾病的诊断、开展动物重大流行疾病监测和流行病学调查，为临床诊断和流行病监测等方面提供技术支持。

动物卫生监督部门及职责　该部门是主管全国的动物性食品卫生检疫的部门。承担国内流通环节的动物检疫，包括进口、出口和中转环节的动物源性产品和部分植物性产品的监督检查；负责食品经营机构的行政许可；配合相关部门打击食品走私活动；对食品生产、贮存、包装、加工、运输和销售等环节进行卫生检疫；对食品卫生实验室技术和其他专门机构提供的信息进行分析评估，为政府议事和决策支撑服务。

渔业司

包括渔业发展和渔业资源管理两个部门。负责全国的渔业发展、渔业技术推广研究和监督管理。

渔业发展部门及职责　包括推广和销售两个分部。推广分部负责培训渔民；宣传渔业法律法规；推行不损害资源的渔业生产和捕捞技术；对渔民培训中心的活动实施监督检查等。销售分部负责向渔类经营者提供政策支持；向私人推销商的计划提供技术建议；鼓励消费鱼产品；推动妇女从事鱼类销售；为渔民贷款提供便利等。

渔业资源管理部门级职责　它包括法规和统计两个分部。法规分部负责渔业执法与监督；负责渔业生产经营许可；与海事司共同打击渔业资源非法开采的海警活动；解决渔民和当地渔产品销售公司之间的纠纷等。统计分部负责收集海洋环境的研究和数据；监控海洋资源及海洋生态系统生物多样性公约的相关项目；评估和监控渔业储备；统计进出口和中转的渔业产品；提供分析报告等。

四、农业基础设施与装备

1. 基础设施

水利设施　据《2009—2018 年吉布提共和国第一产业发展总规划》：2008 年，吉布提水利设施 800 多个公共水井，500 多个私人掘井。据《吉布提地图》表明有集雨水和拦蓄地表水工程：48 个贮水池，10 个大贮水池，15 个微型水塘，5 个小型堤坝和 100 个埋藏的水窖等。"吉布提共和国地下水勘测图"有钻井 137 个，适合灌溉水质钻井有 78 个，占 56.9%，热矿水钻井 19 个，占 13.9%。

种植设施　全国温室大棚有三处（大麦若，阿尔塔、阿里萨比区各 1 处），占地总面积 4 公顷，其中钢架大棚 26 座。在 5 个地区分布了 1 700 多个规模不等的露地农场。

畜牧设施 全国有一个东非地区性牲畜转口贸易中心（占地605公顷），一个首都牲畜屠宰场（面积约0.1公顷）、一个国家兽医实验室（面积150平方米），近100个规模不等的养殖场，其中占地面积1公顷以上的农牧综合养殖场不足10个，最大的奶牛场养殖数量近100头。阿联酋的INMAA集团公司投资建设的规模养鸡场，占地约10公顷，年养殖蛋鸡、肉鸡约4万只。

地区牲畜转口贸易中心 由沙特阿布亚圣集团公司投资2 000万美元建设，占地605公顷，距吉布提港10多公里，2006年投入运营。配套的动物出口检疫中心功能齐全，汇聚了苏丹、埃及、沙特、也门等国的15个兽医专家（其中5个兽医博士），实验室检疫设施和能力达到东非与阿拉伯国家输入动物的防疫要求。每年来自邻国埃塞俄比亚、索马里和本国的140多万头牲畜，中转到这里接受检疫后，输出到沙特阿拉伯和中东地区。

畜牧兽医服务设施方面的问题：一是办公设施简陋。从中央管理机构畜牧兽医司，到地区防疫站，办公楼房极为简易。网络办公和疫病报告系统未建立。兽医人员很少有工作专车或摩托车，靠两条腿走路下乡。二是冷链系统老化。保管疫苗的冷链系统如冰箱、冰柜、防疫冷藏包配置不齐、陈旧，防治动物疫病的器具和药物也缺乏。三是兽医实验室落后。全国只有一个国家兽医实验室，面积不足200平方米，只有很少的诊断设备，缺乏诊断试剂，许多兽医疫病检测项目不能开展。

渔业设施 吉布提市有1个渔港（布拉奥斯），在奥博克区有1个渔业职业培训中心，全国有200艘手工捕鱼小船。建立了渔产品国际标准分析实验室、鱼类检疫和食品卫生实验室。

渔船：大约90%的船由玻璃纤维制成，长7~9米，配备25~40马力的HB发动机。每艘小船可载3人，根据燃油和用于保鲜的冰储量大小可出海1~2天。剩余船队（10%）由长9~12米，玻璃纤维制成的小船组成，这种小船的船舱内安有马达，可载5人，出海3~4天。利用的渔业技术和渔具主要是：①钓线；②拖网；③飘网；④水中站立捕鱼时用的罩网；⑤潜水（10米）捕龙虾。这些器具都是进口的。渔民负责渔网保养，但是没有发动机修理工厂。仅有数个缺乏资金的工匠勉强尝试去保养发动机和玻璃纤维制的船体，但是产品成本十分昂贵。

奥博克渔业职业培训中心：由非洲开发银行和法国合作代表团给予技术和财政支持，在2001年至2002年进行了渔民新手培训，每期可接待25名学生。目前，该中心由于缺乏机构运转的预算，已被关闭。

2. 水利设施供水量（表11）

目前，吉布提90%的农田灌溉水是通过集水井、人工开挖井和钻井泵站供应。根据吉857个乡村和城市公共设施供水量统计：年供水量为4 000万立方米，其中乡村钻井年供水量为 821 万立方米。

表 11　吉布提乡村和城市公共供水量

水源地类型	目前数量	水量（1）（立方米/天）	水量（2）（百万立方米/年）
泉　水	49	0.86	0.02
水泥井	436	10	1.59
人工开挖井	60	2	0.04
水窖（集水井）	134	0.25	0.01
乡村钻井（管井）	75	300	8.21
城市钻井（管井）	103	800	30
总　计	857	1 113.11	40

来源：水利司，2008 年

（1）这是水窖除外的每项工程日平均挖出的水量（比如，泉水每日的平均水量为 0.86 立方米），

（2）这是每年每项工程出产的水量（比如乡村钻井每年水量为 821 万立方米）

目前，农业灌溉水只利用 1% 地表水和 40% 地下水。灌水总量为 1 945 万立方米（占可利用水资源量的 5.1%），折算每公顷灌水量 1 556 万立方米，其中地下水利用量 345 万立方米，地表水 1 600 万立方米。灌溉面积 1 250 公顷，占已易灌溉面积的 12.5%（表 12）。

表 12　农田灌溉水利用情况

利用情况	灌溉水量（万立方米）	占总量比值（%）	占资源量比值（%）	备注
地表水	1 600	89.6	1	灌溉面积 1 250 公顷，每公顷灌溉水 1 556 立方米
地下水	345	10.4	40	
利用总量	1 945	100	—	

来源：水利司，2008 年

3. 农业设施调查情况

共调查 16 个农牧场的水利建设情况，其中 8 个农牧场的井、蓄水池等水利设施由吉政府或国际援助组织援建，占总设施量的 34%；13 个农牧场（占 75%）为生产管理水平较差的自耕自足型，多为季节性生产；采用地下水进行农田灌溉的农牧场有 14 个，采用地表水有 1 个，用城市供水有 1 个。

面积　调查农牧场 16 个（占总农牧场数的 1%），面积 37.43 公顷（占灌溉面积的 3%），其中种植面积 22.34 公顷（蔬菜种植 5.35 公顷，经济林木 14.85 公顷，饲草种植 2.14 公顷），占 59.7%，住房、畜牧圈舍等面积 15.09 公顷。温室大棚种植 0.92 公顷，占蔬菜种植面积的 17.2%。

供水设施　总计 22 口井，其中政府或国际组织援建的衬砌井和管井 15 口，占总井数的 68.2%；自建开挖井 7 口，占 31.8%。地下水平均埋藏深为 7.4 米，

水位汛期和枯水期的峰值变化 5.2～13.1 米。

蓄水设施 共计 28 个蓄水池，容积 2 944 立方米，平均每池容积为 105 立方米。其中 3 个已渗漏或垮塌，容积 300 立方米（占 21.4%）。水泥主要来源于巴基斯坦。

引水管道 主要用 UPVC63 管材从井向蓄水池输水，长度 885 米。来源法国和中国。

灌溉渠系 共计 28 430 米（每公顷有 1 393 米）。其中衬砌渠 2 780 米、PVC 或 UPVC 管道 290 米、滴灌 19 500 米、喷灌 350 米。阿里萨比和阿尔塔两个温室农场的喷滴灌占总量的 71.8%。喷滴灌来源于阿拉伯国家、法国和中国，PVC 来源中国。

配套设施 太阳能、水泵、发电机和温室大棚等配套设施共计 76 个，其中大棚 25 个。太阳能板、水泵等由 FAO、美国、法国等援建管井的配套设施。太阳能板来源法国、美国，水泵和发电机来源中国和日本。

农机具 农机具共计 131 台（件），其中国际组织援助的大型农机拖拉机 2 台，阿里萨比温室农场和塔朱拉荷布哈克镇农场各一台。小型农具主要是锄头、耙、喷雾器、镰刀、铲等。小型农具几乎全为中国制造，大型农具是印度援助。

灌溉水量 政府或国际组织援建的 8 口管井中 2 口不供水，14 口掘井中有 1 口未投产。供水量只计算地下水。年供水量 11.06 万立方米，用于农田灌溉（按 40% 计算）为 4.42 万立方米，每公顷占用量 1 980.3 立方米，比 2008 年吉布提统计数据的每公顷耕地灌溉水量 1 556 立方米，多 424.3 立方米。测算"吉布提共和国地下水勘测图"中上新世-最近玄武岩下的连续性、丰富的含水层的贮藏面积为 9 590.5 平方公里，埋藏深度 20～200 米，占国土 53.3%，表明吉布提地下水水资源较为丰富，开采地下水 2 亿～3 亿立方米，确保灌溉水量（按现在 40% 用于灌溉）0.8 亿～1.2 亿立方米是完全可能的。

灌溉水质 测定灌溉水、耕作和土壤中盐分 pH 值：盐分分别为 0.23%～1.09%（平均 0.66%）、0.20%～0.68%（平均 0.47%），pH 值分别为 6.57～8.05（平均 7.54）、6.66～7.94（平均 7.34）。与中国北京地质工程勘察院所出具报告相同，说明灌溉水主要为盐碱水。分析认为：灌溉水中盐分影响土壤盐分变化，土壤的 pH 值受成土母质影响较大。

五、农业科技与教育

1. 农业科技推广体系

国家农技服务体系

隶属于农牧渔业部的国家农林司、畜牧兽医司、水利司、重大工程司和渔业司以及乡村发展地区机构是国家农技推广服务体系，其中，农林司是全国农技推广和种子管理部门，并建立了一个国家中心苗圃和五个地区苗圃生产基地。现有人员46人，其中各类行政、技术人员32名。

畜牧兽医推广体系

吉布提农业部所属的畜牧兽医司主管全国畜牧业工作，沿袭法国管理模式。下设畜牧处、兽医食品管理处，其中畜牧处分设动物防疫科、动物产品科、动物屠宰交易管理科。兽医食品管理处分设动物食品检验科和其他食品检验科（按法国食品管理体制由兽医负责粮食、蔬菜、鱼进入市场部分）。在5个大区设置区畜牧站和分站，每个站1~2人。全国畜牧兽医行政和技术人员65人，管理人员一般受过法国畜牧兽医专业培训。主要职能为畜牧业生产、疫病防控、食品卫生安全（包括畜禽鱼类及粮蔬食品的检疫检验职能）、项目管理与实施等。国家兽医实验室仅开展禽流感、布病等传染病的检测，对口蹄疫、牛瘟、裂谷热、小反刍兽疫易感疫病以临床监控为主，不进行计划免疫。

渔业服务推广体系

渔业司包括两个部门：渔业产业链发展部门和渔业资源管理部门，有行政与技术管理人员17人。吉布提渔业部门提供约2 000个渔民职位，职业渔民大概有600人。目前，大部分渔民都加入了渔业协会。有6个渔业合作社（930个成员）和2个渔民合作社（成员600多人），多数渔民是渔船的所有者。

2. 农业教育

农业教育及培训机构

吉布提至今仍没有专门的农业大学或职业技术学校。位于首都唯一的高等学府——吉布提大学也没有开设农业、畜牧业、渔业等农业领域的专业。该国拟筹建一所农业专业学校，已列入未来10年发展规划中，但建成还有待时日。

农业教育及培训方式

一是出国接受培训。吉布提农业技术人才主要通过政府资助或自费留学、短期培训的方式，到法国、非洲法语国家、中东阿拉伯国家以及其他援助国家接受技能培训后回国就业。二是在国内接受国际组织及吉布提国家内部推广机构的不定期培训，如 FAO、欧盟等组织的培训，也通过与援助国专家的合作，学习相关技能。

参与吉布提农业发展的国家（国际间组织）及其培训机构

吉布提科研中心 是吉布提唯一的国家科研机构，也是农业部的重要合作伙伴，特别是在水文学（水的地球化学实验室）、种植业生产（有一个椰枣组织培养试管苗繁殖的生物技术实验室和一个土壤分析实验室）和可再生能源的研究发展方面，同某些全国规模的项目和计划存在合作关系。吉布提科研中心分为 5 个专门机构（地球科学院，生命科学院，语言学院，社会科学院和新型技术院）。

住房、城市规划、环境和领土整治部 环境部是环境保护领域里有关规划、管理和协调的合作者（特别是关于里约宣言（即生物多样性公约）的实施和国家计划和项目的制定）。

内政和权力下放部 内政部在自然灾害（干旱、洪水等）的预防和管理方面以及规章制定（打击滥伐森林）和社团动员（区域委员会等）方面是农业部的重要合作伙伴。

负责民族团结的国务秘书 总统秘书负责的吉布提社会发展机构，组织参与国家社会发展计划。为此，吉布提社会发展机构为某些乡村发展的计划和项目的实施提供资金，特别是农田水利基础设施，地表水调动工程和向第一产业部门生产者机构提供支持等。

吉布提经济发展基金会 该基金会是一个独立的公共机构，它通过财政和技术方式支持私营生产部门的发展，在中小型企业-中小型工厂的设立、振兴和发展以及可盈利的投资方面也发挥着重要的作用。该基金会的政策是对能带动就业、创造外汇和推动发展的企业进行干预。该基金会同意的贷款利率低于 10%，贷款限额为 500 万~1 000 万吉布提法郎（贷款偿还期限为 5~12 年）。在贷款期间，基金会向接受其财政帮助的企业提供技术援助。基金会对农业、畜牧业、渔业、旅游业和矿业的计划给予优先权。

非政府组织 吉布提国家妇联参与了对乡村居民（特别是妇女）进行关于农业发展和环境管理的宣传和培训。

农牧、养殖者和渔业合作社

合作社机构最早出现在 20 世纪 80 年代中期，是吉布提政府重视农业生产，大量投入基础设施建设和持续外援帮助的情况下，催生的一种民间组织。最近，随着农业和渔业活动的发展，合作社机构如雨后春笋纷纷涌现，农业和渔业活动蓬勃发展。目前，全国只成立了农牧合作社和养殖者合作社 31 个，成员 2 908 人，人数仅占全国农牧民的 1.9% 左右，其中，农牧合作社 24 个，养殖者 2 个，渔业 5 个。但这些机构面临着内部混乱的问题，未达到满足成员需求的最低限度的自治权，只有 11 个组织正常运作，占 35.5%。

至于专门的养殖者合作社机构，由于组织不够严密因而数量十分有限。这也导致这些合作社没有被纳入商业体系。目前，只有两个养殖者合作社机构：歌达西部养殖者合作社和多拉养殖者合作社（管理多拉地区的贮水池）（表13）。

表 13　农牧、养殖者和渔业合作社统计

序号	合作社名称	所处地区	成员人数（人）	机构运转程度-是否具有集体资金或银行账户
1	昂布力女园丁	昂布力/吉布提市	136	是
2	昂布力，多拉雷农牧合作社（男子）	昂布力/吉布提市	80	否
3	大小都达农业合作社	都达/阿尔塔	120	是
4	阿塔尔、大麦若农业合作社	阿塔尔/大麦若	150	是
5	维阿农业合作社	阿尔塔	20	否
6	阿塔尔农民地区合作社	阿塔尔	32	否
7	歌巴达农牧业合作社	歌巴达/迪基尔	200	是
8	汉雷农牧合作社	汉雷/迪基尔	35	否
9	达达哈鲁和阿尔沃农牧合作社	阿尔沃和达达哈鲁（迪基尔）	15	是
10	迪基尔农牧合作社	迪基尔的郊区-城市	55	否
11	穆鲁德农业合作社	迪基尔	28	否
12	阿萨磨农民组织	阿萨磨/阿里萨比	52	是
13	阿里阿德农业合作社	阿里阿德—阿里萨比	25	否
14	都都巴拉雷农业合作社	阿里萨比—都都巴拉雷	10	否
15	萨加鲁农牧合作社	萨加鲁—塔朱拉	95	是
16	卡拉夫农业合作社	卡拉夫—塔朱拉	30	否
17	昂巴博农业合作社	昂巴博—塔朱拉	40	否
18	荷博依—哈拉克农业合作社	荷博依—哈拉克—塔朱拉	15	否
19	郎达邦古埃雷农业合作社	郎达—塔朱拉	117	否
20	多哈农牧合作社	多哈—塔朱拉	23	是
21	德布雷—马布拉农牧合作社	德布雷—塔朱拉	30	否
22	魏玛农业合作社	魏玛—塔朱拉	40	否
23	奥博克农业合作社（阿萨桑—乌尔玛）	奥博克	60	否
24	歌达西部养殖者协会	塔朱拉	100	否
25	多拉饲养者协会（罗哈迪）	塔朱拉	500	否
26	达拉依—阿夫农牧和渔业合作社	达拉依—阿夫—奥博克	10	是
27	吉布提渔民发展合作社	吉布提市	400	是
28	女鱼贩合作社协会	吉布提市	180	是
29	洛亚达和大麦若渔民合作社	阿尔塔	60	否
30	塔朱拉渔民合作社	塔朱拉	100	是
31	奥博克渔民合作社	奥博克	150	否

来源：2006 年渔业司，2007 年农林司

渔业教育

吉布提的渔业培训机构包括吉布提的渔业和海洋行政管理相关部门、奥博克渔业培训中心、一些利益相关的社会组织以及国外的援助性培训等。渔业行政主管部门为渔业司，其他相关的部门，比如地理环境规划司、海洋事业司、旅游局、海洋管理局等，各自对渔业法规、渔业经营、海产品监管、海洋环境保护等知识进行优先培训，培训对象有行政管理人员、渔业经营企业业主、合作社负责人和渔民，旨在提高行政人员管理水平，提升渔业经营机构代表、渔民遵守渔业规章和团结合作能力。

由非洲开发银行和法国援助修建的奥博克渔业培训进修中心，主要针对渔民新手培训和职业渔民进修，包括手工捕捞技术、渔船和机械的修理、渔产品运输、销售等多方面的知识。从 1998 年 10 月至 2002 年 1 月间，大约 1 000 人接受了培训，其中专业渔民 700 人。目前，该中心由于缺乏运转经费而被关闭。此外，一些渔业经营企业和渔业合作社也承担了对所属从业者的内部培训义务。吉布提政府还不时地派遣技术骨干到国外留学或参加国外渔业技术培训，渔业司的 2 名技术干部曾经因我国的援非培训项目被派到江苏等地学习渔业技术，回国后把所学知识用于培训当地学员。

下面这两个表格概括了培训对行政方面的要求（表 14、表 15）。

表 14　优先培训部门及项目

机构名称	培训要求
渔业司	经营、信息、企业管理学 渔业经营和计划 海洋产品国际商务程序的掌握 水产养殖：公海法律 海洋数据的收集 渔业管理制度 集体组织的培训和干部 共同经营的运用 海洋产品的安检
地理环境规划司	海底潜水 防止工业污染 海龟标记 暗礁、珊瑚、红树群的判断
海洋事业司	海洋监管 海滩管理
吉布提旅游局	环保旅游培训
海洋管理局	海洋环境及渔业立法

表 15　培训对象及项目

培训对象	科技主题	能力
行政人员	渔业策略 掌握海洋产品国际商务程序	经营的运用 支持集体组织
渔业人员代表	遵守渔业质量法规和渔业情况 完善捕捞技术 渔业条例	合作和团结行动 共同经营的运用
群众	经营知识	共同经营的运用

未来培训要求及趋势

吉布提农业部管理部门已经认识到，整个第一产业都面临培训的缺乏。掌握技能是尤其重要的事情，例如渔业科技和饲养骆驼的技术。新人员的出现能带来新的思想，新的技能。因此，认为应该选择具有一定知识的人（中学毕业，大学专科毕业或更高的），让他们给员工灌输职业技能。如果给他们做培训，他们将在吉布提不同的项目里得到雇佣，从而促进吉布提农业技术人才队伍整体素质的提高。

未来培训的前景和需求，期望能有一批具有创新思想的人员，在粮农组织财政的支持下，接受培训，携手共同进步，逐渐摆脱目前人才匮乏的局面。同时，期待其他援助组织和国家提供相对有效的培训服务项目。

六、农产品生产与加工

1. 农产品生产

农作物生产

吉布提可灌溉土地约 7.3 万公顷，占农牧林总面积的 45%，目前已灌溉耕地约 1 万公顷，用于蔬菜、牧草及其他作物种植面积仅 1 250 公顷，作物种植面积不到总可灌溉耕地的 5%，总体生产水平低而不稳。

据吉布提农业部统计：2003 年，全国有 1 530 个农场，种植面积 1 015 公顷。其分布情况大致为：吉布提市郊区 31.3%、迪基尔区 36%、塔朱拉区 22.2%、奥博克区 5.4% 和阿里萨比区 5.1%。2008 年，农牧场达到 1 700 个，增加 11.1%，种植面积为 1 250 公顷，增加 23.2%。其分布情况大致为：吉布提市郊区 16.3%、迪基尔区 55.9%、塔朱拉区 8.6%、奥博克区 1.4%、阿尔塔区 11.8% 和阿里萨比 5.9%。最大的农场位于阿里萨比（种植面积 1 公顷）和迪基尔（种植面积 0.76 公顷）。2008 年各区（市）作物种植面积和农场数量统计见表 16。

表16　2008 年农作物种植面积和农场数量统计

地　区	圈地面积（公顷）	种植面积（公顷）	农场数量
吉布提（昂布力，纳加得，多拉雷）	369	204	250
阿尔塔（都达，大麦若，阿塔尔，维阿/阿尔塔）	191	148	230
阿里萨比	105	74	128
迪基尔	857	699	525
塔朱拉	80	108	452
奥博克	25	17	115
总　计	1 627	1 250	1 700

来源：农业部，2008 年

　　吉布提属于传统畜牧业国家，主要农产品生产多为季节性自给自足，少量进行商品流通，产量低的原因有农场主缺少经验，农村居民缺少农业传统，土地贫瘠，水含盐量高，种植区域治理不够（灌溉系统设计不合理），缺少农资供应渠道等。因此，没有翔实的单产统计数据，只有大概的总产记录，且数据可信度较低，仅有参考价值。2008 年主要作物种植面积和产量见表17。2008 年主要作物分区分布情况见表18。

表17　2008 年主要果菜作物种植面积和产量

产　品	面积（公顷）	总产（吨）
番　茄	225.3	1 708
茄　子	5.5	42
甜　菜	1.6	12
胡萝卜	1.2	9
卷心菜	1.2	9
甜　瓜	17.9	136
洋　葱	18.3	139
西　瓜	10.3	78
辣　椒	49.5	375
生　菜	1.1	8
蔬菜合计	331.9	2 516
芒　果	135.4	650
番石榴	212.5	1 020
柑　橘	260.4	1 250
椰　枣	24.6	118
柠　檬	395.8	1 900
果树合计	907.7	4 938
其他（饲料作物）	10.4	295
总　计	1 250	7 749

来源：农业部，2008 年

表 18　2008 年吉布提主要农产品分布情况

种植作物	阿尔塔（吨）	阿里萨比（吨）	迪基尔（吨）	塔朱拉（吨）	奥博克（吨）	总产量（吨）
水　果	1 511	1135	820	1 199	273	4 938
蔬菜种植	1 154	297	580	362	123	2 516
饲草及其他	190	32	48	21	4	295
总　计	2 855	1 464	1 448	1 583	400	7 749

来源：农业部，2008 年

1993—2008 年主要作物产量年度变化情况见表 19。

表 19　吉布提主要作物产量年度变化情况　　　　　　　　　（单位：吨）

年　份	1993/94	1994/95	1995/96	1996/97	1997/98	1998/99	1999/00	2000/01	2001/02	2007/08
番　茄	227	976	1 081	970	1 021	1 100	1 123	1 300	1 650	1 708
茄　子	39	39	43	30	42	45	33	40	35	42
甜　菜	3	6	7	7	7	7	10	11	11	12
胡萝卜	3	3	3	4	4	3	8	8	8	9
卷心菜	17	9	10	10	11	11	8	11	8	9
甜　瓜	187	82	91	90	110	115	94	100	130	136
洋　葱	11	19	21	40	50	70	108	108	128	139
西　瓜	78	65	72	75	76	80	61	80	70	78
辣　椒	158	274	304	310	325	350	350	355	370	375
生菜/萝卜	2	2	2	3	4	4	7	8	8	8
芒　果	471	565	626	600	650	660	506	600	650	630
番石榴	139	150	166	160	165	160	1 075	1 075	1 250	1 290
柠　檬	1 304	1 565	1 733	1 700	1 680	1 700	1 796	1 800	1 900	1 980
橙	867	438	486	450	470	450	3	4	3	4
椰　枣	260	132	146	150	155	160	72	80	80	120
总　计	3 939	4 413	4 887	4 945	5 202	5 215	5 391	5 830	6 691	6 835

来源：农业部，2008 年

畜牧业产品生产

吉布提没有准确的年出栏牲畜的统计数据。特别是牧民自宰牲畜部分一直未纳入计算。据吉布提畜牧兽医司年报，首都吉布提市和 5 个地区都有牲畜屠宰场和畜产品交易市场，年宰牲畜 10 万余头，供应市场 6 000 多吨，其中 80% 是牛肉。牛肉、骆驼肉价格接近，市价 1 100～1 200 吉布提法郎/公斤，羊肉市价 700～800 吉布提法郎/公斤（28 吉布提法郎折合人民币 1 元）。纯鲜奶很受欢迎，鲜牛奶 350 吉布提法郎/升，鲜驼奶 400 吉布提法郎/升（约两美元）。

畜牧业未完全纳入销售网络，特别是游牧型畜牧业。牲畜销售经常是根据流动性的需求（饲料，婚礼，死亡等……）而不是根据动物的生长发育期来确定。相反，植被绿化地带、吉布提市附近的半集中型畜牧业和某些定居型畜牧业更容易带来经济效益，尤其是鲜奶和小型反刍动物产品销售到城市，可以获得很好的利润。

全国牲畜的生产和销售面临着的主要问题：饲料不足；基础设施匮乏（公路，一级或二级市场（养殖场）；缺乏分散信息收集系统（不同种类的牲畜和畜产品的价格信息）。

自从 2006 年 11 月开始，吉布提等东非国家恢复对购买力高的中东地区国家的牲畜出口，肉价增加了将近 50%（每公斤 600 吉布提法郎增至 900 吉布提法郎）。随着牲畜出口数量的增加和全国需求的增大，肉价将持续增长。

渔业产品生产

鱼类产量平均每年约 2 000 吨，没有在动物源性食品消费中起重要作用（当地人均年消费 1.5 公斤），目前它对国民生产总值的贡献非常小（1%），然而它的潜力却不容忽视，每年允许开发的资源潜力约为 47 000 吨，其中 9 000 吨被视作增值资源运往国外，受益者获得可观收入。因此，吉布提渔业产品有待开发。

2. 农产品加工

农作物加工

吉布提农产品加工产业基本上不存在。吉布提全国妇女联盟的农林司合作曾经启动了一个试验计划，尝试蔬菜产品的加工，特别是番茄这个种植面最广的蔬菜。农民接受了将番茄加工为果酱和糖煮水果的培训。但消费者对这种低水平的加工产品不青睐，人们更喜欢罐装番茄。吉布提某些超市将椰枣进行腌制成椰枣果脯产品进行销售；红辣椒可以磨成粉末长期贮存。其他产品，如向日葵或花生也有部分粗加工，炒熟后进入市场。

条件成熟时，可以考虑在吉布提建立一家设施齐备的气调冷藏保鲜仓库或罐头食品厂，将凉季生产的各种蔬菜、瓜果产品储存起来，延长产品的保鲜期，保障吉布提蔬菜、瓜果等农产品的周年均衡供应。

畜牧产品加工

吉布提无牛羊等畜禽产品深加工厂，仅限于粗加工，其方式十分传统落后。吉布提市和 5 个地区各设有一个屠宰场，规模很小，设施简陋，属于手工作坊，年屠宰牛、羊、骆驼 10 多万头（只）。屠宰场无冷冻库，屠宰后的牛、羊、骆驼肉主要用以鲜销。近年，吉布提市引进一家乳业公司生产酸奶，已经投入超市销售。

鉴于现位于吉布提市的屠宰场陈旧老化，不能满足市场需求，吉布提农业部拟重新选址新建一个屠宰场，并纳入未来 5 年工作规划，希望引入外资进行新建，吉布提政府负责提供建场用地等优惠政策。该规划计划投资不少于 500 万美元，建成后，将该国丰富的肉畜资源，包括周边国家埃塞俄比亚、索马里每年通过吉布提港口贸易的牛、羊、骆驼，进行加工，一方面保障本国市场供应，一方面出口创汇，同时带动吉布提和周边国家畜牧业发展。

渔业产品加工

吉布提渔业产品的加工几乎没有，渔产品大多是被新鲜销售和食用，渔产品加工也仅限于初加工：制作咸鱼、鱼丸、鱼饼和烤鱼等。

鱼的运输：

隔热的货物箱

隔热的货物箱

手推车

机械化运输

当地市场的鱼类加工：

烘干的咸鱼

准备运走的咸鱼

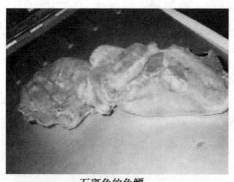
石斑鱼的鱼鳔

鱼鳔

深海小鱼肉丸

深海小鱼面饼

烘鱼的干燥器

烘鱼

七、农产品消费、流通与贸易

1. 吉布提优势产品供需情况及下一步走势

农产品供需情况

吉布提生产的蔬菜、水果等农产品（番茄、洋葱、辣椒、茄子、秋葵、甜瓜、西瓜等），在 9 月至次年 4 月的凉季生产，市场销售从 12 月至次年 5 月结束。据非洲发展银行估计，1994 年粮食自给率为 23%，1997 年为 25%，而现在随着人口增加，农业生产只能满足 10% 的果蔬需求。因此，吉布提农产品的

90% 需依赖进口，每年进口农产品总量约为 32 000 吨，包括粮食作物、蔬菜、水果、饲料等几乎所有的农产品和农资产品都需要进口，其中全部依赖进口的有：粮食作物中的大米、玉米、土豆等，蔬菜中的芹菜、豆角、瓜类和叶菜类等，水果中的香蕉、西瓜、芒果、菠萝等，优质饲草。

出口农产品目前只有少量的椰枣，具体数量及创汇额没有官方统计数据。

在城市，肉类的消费约为每人每年 20 公斤。为了 2015 年保持同等的消费率，城市每天应生产将近 16 吨肉。

畜牧业在很大程度上是商品化畜牧业，少量的奶产品用于自身消费。主要公路大道附近的养殖者销售部分产品。围绕城市中心发展的定居舍饲（半集约化或集约化）向消费者提供鲜奶（未杀菌）。在吉布提市，牛奶是销售最多的，紧随其后的是骆驼奶。全国奶产量远远低于需求，奶产量也因牲畜缺少饲料而受到限制。

发展趋势

吉布提在欧盟、土耳其、FAO 等政府和组织援助下，制订了 2005—2015 年全国中期粮食安全计划，包含抗干旱活动、椰枣种植、PPAP 和绿洲计划等项目。中国政府援助派高级农业专家组进一步帮助吉布提温室种植业、农田灌溉和畜牧兽医的 10~20 年中长期规划。吉布提已在苏丹共和国租赁了 5 000 公顷耕地，正在与马拉维谈判租赁 1 000 公顷，用于谷物、蔬菜、水果等作物生产，弥补国内种植业的产量不足。吉布提政府依据粮食安全计划和一些中长期规划，积极争取国际间政府或组织大力援助，努力勘探开发地表水、地下水的水源，保障农田灌溉水稳定丰富供给，增加农作物耕种面积，提高作物产量。吉布提农业部为保护脆弱的生态环境，从 2006 年起，推广吉布提科研中心培育的高产新品种——椰枣，实施种植园计划和绿洲计划，积极推动游牧型生产向定居种养业生产的结构性转换，并大力培育、建立农业合作协会，健全农产品销售网络，增加农牧民收入。

2. 国际贸易

2006 年 11 月吉布提牲畜出口区域中心开始运作，牲畜出口呈几何级增长。沙特阿布亚圣集团公司投资 2 000 万美元，在吉布提建成东非最大的牲畜转口贸易中心，占地 605 公顷，距吉布提港 10 多公里。每年来自邻国埃塞俄比亚、索马里和本国的 140 多万头牲畜，中转到这里接受检疫后，输出到沙特阿拉伯和中东地区。活跃的牲畜转口贸易，极大地带动了吉布提和邻国畜牧业的发展，为古老的畜牧业带来生机（表 20、表 21）。

表 20   1999—2009 年进口的产品统计

月份	牛奶制品 (公斤)	肉类（非禽肉） (公斤)	海鲜 (公斤)	禽肉 (公斤)	蜂蜜 (公斤)	植物产品 (公斤)
1	33 154	4 869	381	67 454	—	—
2	17 169	15 472	2 228	13 808	—	—
3	24 694	24 874	2 896	58 968	279	—
4	160 186	12 249	949	97 650	—	—
5	95 658	7 747	21 332	12 277	322	—
6	102 207	—	18 000	54 805	—	—
7	37 221	—	16 000	35 427	—	—
8	119 873	16 416	4 724	52 244	105	—
9	61 459	—	—	22 565	—	—
10	18 936	13 389	5 331	58 908	—	—
11	70 950	—	—	55 460	—	—
12	29 292	277 799	12 966	706	17 119	148 063
合计	770 799	372 815	84 807	530 272	17 825	148 063

来源：畜牧兽医司，2009 年

表 21   1999—2009 年进口的检查产品统计

年 度	供进口的动物源性食品检查数量（公斤）
2009	1 924 581
2008	2 417 814
2007	2 780
2006	1 950
2005	1 859
2004	1 893 889
2003	1 436 944
2002	1 573 565
2001	1 376 153
2000	1 500 432
1999	1 580 520

来源：畜牧兽医司，2009 年

在活牲畜出口的范围内，出口阿拉伯半岛和中东地区国家的牲畜健康状况，自大麦若地方牲畜出口中心开始，都由畜牧兽医司负责（表 22、表 23）。

表 22　1999—2009 年出口牲畜的数量

年　度	出口牲畜的数量（头）
2009	1 236 109
2008	1 637 748
2007	1 678 169
2006	287 325
2005	30 753
2004	13 891
2003	30 430
2002	1 639
2001	无
2000	无
1999	无

来源：畜牧兽医司，2009 年

表 23　2003—2009 年 7 年内出口牲畜的数目比较

年　份	牛（头）	骆驼（匹）	羊（只）	总计
2003	16 833	7 437	6 160	30 430
2004	5 101	2 930	5 860	13 891
2005	27 766	2 987	8 371	39 124
2006	42 682	7 417	237 226	287 325
2007	83 984	48 779	1 545 406	1 678 169
2008	139 433	85 558	1 412 757	1 637 748
2009	130 007	50 051	1 056 051	1 236 109

来源：畜牧兽医司，2009 年

73

吉布提

3. 市场动态分析

自从 2006 年吉布提地区性牲畜转口贸易中心建成投入营运以来，出口到中东地区的活牲畜如牛、骆驼、羊成几何增加。2006—2009 年 4 年出口活牲畜达到 483 951 头，平均每年 120 万余头（估计吉布提牲畜约占出口总量的 30%），是 2003—2005 年平均出口量的 50 倍。由此可见，该中心对拉动本国及周边国家（索马里、埃塞俄比亚）的养殖业出口发挥了巨大的作用。可以预测，只要东非和中东地区局势持续稳定，吉布提出口活畜贸易将保持良好发展态势。

在出口的活畜中，根据 2009 年测算，牛占 10.5%，骆驼占 4%，羊占 85.5%。

在进口检查的动植物性食品中，1999—2009 年 11 年累计进口 1.37 万吨，平均每年进口 1 246 吨。根据 2009 年进口产品分类计算，其中牛奶制品占 40%，禽肉 27.6%，非禽肉类（如猪肉等）19.2%，海鲜 4.4%，蜂蜜 0.1%，其他植物产品 7.7%。其中猪肉主要供外国人如法国和美国驻军消费。

4. 该国急需的产品

农田水利设备

吉布提农田水利基础设施建设主要是以地下水水源井建设为主，急需打井技术、设备和资金。中国可以在吉北部塔朱拉、奥博克援助勘探钻井项目，同时完善配套建设太阳能板，耐盐碱、耐高温的深井潜水泵、中小型发电机等动力抽水设备以及引水、输水和蓄水池等水利工程，以减轻当地居民或农牧民承担抽水而产生的经济负担，解决因吉布提财力无法及时配套建设的问题，确保项目区域内有稳定丰富持续的水源供给。

风能设备

光能、风能和温泉被称为吉布提三大无污染天然新能源，其中，风力状况还是比较稳定，风速平均 4 米/秒（凉季刮东北信风，热季刮北/西北喀姆辛风）。因此，在高原、相间平原（风速可以达到 5.5 米/秒以上）建立 5～50 千瓦风能发电，可以解决当地电力不足，特别是农牧场的照明、生活、抽水等用电。

热带温室建造配套设备。

种植业所需的农业机具、农药、肥料和果蔬保鲜设备等。

畜产品加工设备。如新建屠宰场所需配套设备，酸奶加工机器等。

兽医兽药、实验室诊断设备、试剂等。

鱼产品加工和储藏设备、网箱养鱼、虾等设备。

需要说明的是，吉布提长期依赖国际组织项目资金支持和赞助设备，本国和农业生产企业尽管需要以上产品，但短期内并没有足够经济实力掏钱购买，甚至不爱惜赠送的物资。在吉布提开发农资市场有较大难度，农资市场窄小，而项目捐赠又无法满足其多多益善的要求。

八、农业资源开发与生态环境保护

1. 农业资源开发

土地利用现状

全国土地总面积为 2.32 万平方公里，其中，陆地面积为 1.79 万平方公里，占国土总面积的 77.6%；领海和湖泊面积为 0.52 万平方公里，占国土总面积的 22.4%。目前，农牧业用地 1.71 万平方公里，占陆地面积的 95%，据 20 世纪 80 年代美国国际开发署调查研究：吉布提可灌溉土地资源量为 72.66 万公顷，占农牧林总面积的 42.5%，占国土面积的 31.3%。其中轻松水浇地 16.84 万公顷、

易灌溉土地11.67万公顷、较难灌溉土地44.16万公顷，分别占可灌溉土地资源量的23.2%、16.1%、60.7%。据统计：2005年全国有大约1 539个小型农场，它们通常被称之为"菜园"，平均面积大约为0.6公顷。在924公顷被围住的土地中，仅有388公顷被开发，远远低于拥有农业潜力土地面积，说明吉布提可耕种农耕土地资源十分丰富（表24）。

表24　农业土地生产潜力

行政地区	较难灌溉土地 （公顷）	易灌溉土地 （公顷）	轻松水浇地 （公顷）	可灌溉土地潜力 （公顷）
吉布提-阿尔塔	3 100	5 150	11 570	19 820
阿里萨比	73 960	/	19 200	93 160
迪基尔	206 500	3 000	91 100	300 600
塔朱拉	91 500	15 700	21 200	128 400
奥博克	66 500	92 800	25 300	184 600
合　计	441 560	116 650	16 8370	726 580

种植状况

由于吉布提农业多在凉季进行季节性生产，无化肥、农药使用习惯，施肥主要施用畜禽干粪便（1 000公斤/公顷左右），靠天吃饭严重，生产水平极其不稳定。因此，土壤生产能力受自然灾害影响较大，抛荒、废弃土地较为普遍，每年有400公顷土地因灌溉水枯竭或土壤盐碱化而废弃。2007年蔬菜、水果和饲料作物总产量为5 905吨（0.47吨/公顷，人均占有量仅为7.6公斤），比2006年增长305吨，但比2000年仅增长75吨，比2003年减少930吨（表25）。

表25　蔬菜、水果和饲料产量（吨）

产品	2000/ 01	2001/ 02	2002/ 03	2003/ 04	2004/ 05	2005/ 06	2006/ 07
番　茄	1 300	1 650	1 708	1 512	1 710	1 816	1 940
茄　子	40	35	42	38	41	43	46
甜　菜	11	11	12	9	11	13	13
胡萝卜	8	8	9	5	7	9	11
卷心菜	11	8	9	6	5	6	6
甜　瓜	100	130	136	97	151	176	194
洋　葱	108	128	139	112	116	119	121
西　瓜	80	70	78	63	69	78	78
辣　椒	359	370	375	216	210	223	235
生　菜	8	8	8	4	6	7	7
芒　果	600	653	630	423	510	560	650

产　品	2000/ 01	2001/ 02	2002/ 03	2003/ 04	2004/ 05	2005/ 06	2006/ 07
番石榴	1 075	1 250	1 290	955	980	995	1 020
柑　橘	1 800	1 900	1 980	1 385	1 215	1 230	1 250
椰　枣	80	80	124	105	113	115	118
其他（饲料作物）	250	390	295	195	225	210	216
总　计	5 830	6 691	6 835	5 125	3 659	5 600	5 905

来源：农林司，2008 年

草地资源利用

吉布提可供放牧土地 169.87 万公顷（占陆地面积的 94.4%），但由于属热带沙漠半干旱气候，牧草资源贫乏，饲养环境异常恶劣。全国大部分地区覆盖着灌木大草原，主要植物有具密金合欢和缠绕相思树。平原覆盖了植被的洼地，主要为禾本科的茂密干草原（黍和香茅）。沿海平原的植被主要是缠绕相思树和密聚莎草，也有一些面积减少但适应特殊环境条件的群系，这指的是阿拉伯金合欢和非洲棕榈。

游牧以当地自然生长的金合欢树和其他品种的灌木、杂草为主要饲草，牧场牲畜以人工种植的银合欢树、牛蹄豆树、坚尼草（大黍）、非洲虎尾草、苏丹草、甜高粱、饲用玉米等为主要饲草。不过，人工种植的牧草比例相当低。不能满足牲畜饲养量的 5%。

畜牧品种资源及养殖情况

吉布提是一个以畜牧业为主的游牧国家，主要养殖能适应热带的瘤牛、山羊、绵羊、单峰驼、驴等草食牲畜和犬、猫、鸡品种，每个品种又根据地域差异，细分为阿法尔、索马里等地方品种。几乎所有的羊、骆驼为本地品种，长期进化很适宜热带半沙漠半干旱气候，骆驼最能适应当地干旱环境，其次是羊。10% 的本地牛引进荷斯坦等欧洲公牛自然杂交，杂交改良牛能适应当地气候，产奶量显著提高。牛、骆驼、羊均以产奶为主，也作肉用。驴主要作为牧民的运水送物的主要交通工具。此外，野生动物有羚羊、豺、鬣狗、狒狒等。

牛　牛的数量约为 4 万头，除了旱季，主要分布在塔朱拉和奥博克区。在吉布提没有明确的方法鉴定动物的品种和对当地物种的研究。然而，全国的牛约有 90% 是当地品种，剩余品种（即 10%）来自与国外品种进行杂交（弗里斯兰黑白花奶牛种，黑白两色毛皮牛，红白两色毛皮牛）。当地品种大部分被赶到乡村的自然牧区游牧饲养，杂交品种则在郊区农场集中饲养，因为它依赖的不是自然环境中的植被，而是人工种植和从国外购买的饲草和精饲料。

绵羊和山羊 自 1978 年起没有进行真正的普查，小型反刍动物的数量估计为 100 万只（55 万只山羊，45 万只绵羊）。

单峰驼 骆驼品种十分适应环境，哺乳期长，奶产量相当可观。饲养单峰驼主要为了生产奶产品和做交通工具使用。全国分布的单峰驼约有 5 万峰。

家禽 吉布提没有饲养家禽的传统，尽管 20 世纪 80 年代以来有过几次引进家禽的尝试，目前仍没有显著发展。阿拉伯联合酋长国的一家公司（INMAA）对当地家禽生产进行了投资，年饲养肉鸡和蛋鸡规模到达 4 万只。

蜂 歌达山和马布拉山适宜现代养蜂业的发展。20 世纪 90 年代末期几个私人经营者在邦古阿雷和第的卢发展养蜂业获得成功，养蜂业因此能在其他类似农业生态区推广，具有一定潜力。

畜牧业生产参数 说到畜牧业参数，小型反刍动物通常早熟，但是未出现双生的情况，如若可能，有必要改良物种，增加产量。山羊、绵羊和骆驼的繁殖率分别为 80%～100%，68% 和 50%，然而它们的增殖率为 100%，山羊的增殖率稍高为 104%，成年牲畜个体普遍较小，屠宰后的胴体平均重量，羊 12 公斤，牛 120 公斤，骆驼 150 公斤（表 26）。

表 26　吉布提牲畜胴体的平均重量

牲畜类型	胴体的平均重量（公斤）
牛	120
骆驼	150
小反刍动物	12

来源：畜牧兽医司，2005 年

全国的肉产量无法满足吉布提消费者的需求，因此需要大量进口。这是因为全国牲畜的生产力低下，造成生产力低下的原因有农业生态条件（气候干旱），牲畜缺乏饲料，对品种和基因潜力不了解。在吉布提市，牛肉的消耗比其他肉类大：在 4 000 吨从屠宰场运过来的肉中，将近 80% 的是牛肉，其余的通常是小型反刍动物的肉。奶产品的情况也是如此。表 27 概述了全国饲养的四个物种的某些畜牧业参数。

最适应环境的物种是山羊和骆驼。骆驼的哺乳期很长（9～12 个月），奶产量相当可观。也饲养牛和绵羊，但是它们对饲料的要求高。在集约型饲养方面，只要喂食合理，牛的产量较高（每天 10～15 升）。即使半集约型饲养的骆驼的奶产量也相当可观。未来必须促进集约型和半集约型畜牧业的发展。

表 28 说明了小型反刍动物平均日增重量，小型反刍动物的适宜销售时间大概在 13～17 个月。吉布提沿海平原畜群动态见表 29。

表 27 四种牲畜的生产参数

品 种	第一次产仔（月）	分娩间隔（月）	哺乳期（月）	(1) 哺乳期奶产量（升）	平均重量（公斤）
山 羊	15～28 (62%)	7～8	2～4	90[1] (30) *	28，5 (45 月)
绵 羊	20	24	2～3	37，5[1]	30，6 (46 月)
骆 驼	60～72	19～24	12	1 053[1]	
牛	36～54	19～22	7～8	585 (232)[2]	

[1] 最大产量；* 平均产量；[2] 放牧区

来源：畜牧兽医司，2007 年

表 28 小反刍动物平均日增重量的变化 （单位：克）

种 类	0～12 月	13～17 月	18～26 月	27～46 月
山 羊	34	26	14	12
绵 羊	43	34	12	7

来源：畜牧司，2007 年

表 29 吉布提沿海平原和郊区的畜群动态

种 类	死亡率（%）	销售（%）	消费（%）
山 羊	16	4	7
绵 羊	19	4	10
单峰驼	10	可以忽视	可以忽视

来源：畜牧兽医司，2010 年

粗放式的游牧放养 约占 95% 以上。吉布提是典型的热带沙漠游牧民族国家，游牧属于阿法尔族和伊萨族人的传统，养殖牛、羊和骆驼是维持牧民家庭生计的主要活动。法国殖民管辖后，即使牧民移居在城市，仍然保持了养殖的习俗。至今，首都和地区首府的大街上到处可见游走的羊群甚至骆驼。

游牧的特征是季节性进山放牧。放牧范围多在远离吉布提市中心以外的半干旱半沙漠地带，地形多是低海拔山区和沿海平原。全国可供放牧面积约 170 万公顷，占陆地面积的 94%。半沙漠气候，反复干旱，饲草资源密度低以及随时会枯竭的可能性，迫使吉布提饲养者的生活方式以季节迁移为基础（进山放牧），而后者是对极恶劣的环境生存条件的最合适的回应。

进山放牧饲养体系以季节迁移为基础，季节迁移受降水量条件限制，但是空间上也应该参照以往的固定路线，并且一直在家庭或家族之间维系的各种社会关系网里得到进一步加强。进山放牧粗放饲养主要用于自给自足。

主要有三片进山放牧区域：

塔朱拉湾南部，阿尔塔地区和迪基尔地区的路线围成的区域。

非洲农业国别调研报告集

塔朱拉地区和奥博克地区至塔朱拉湾北部的路线围成的区域。

阿瓦什盆地的西部地区的牧场。

伊萨斯牧民主要养骆驼和绵羊，放牧主要在第一片区域。阿法尔牧民，养的山羊和奶牛，放牧主要在第二片和第三片区域。在凉季，11 月至次年 5 月期间，牲畜朝山区和沿海地区迁移。在热季，6 月至 10 月，牲畜朝吉布提东部地区，吉布提共和国边境，东南部与索马里边境迁移。总的来说，阿法尔人进山放牧时多选择西部和吉布提共和国，少数选择厄立特里亚，而伊萨斯人倾向于选择索马里边境，但夏季则是倾向于吉布提共和国边境。

集约型定居饲养 约占 5%。分布在吉布提市周围（昂布力郊区）及 5 个地区首府附近。全国有近 100 个规模大小不等的饲养场，总面积 100 余公顷，养殖奶牛、肉牛、羊、骆驼和家禽。阿联酋的 INMAA 集团公司投资建设的规模养鸡场，占地约 10 公顷，年养殖蛋鸡、肉鸡约 4 万只。

集约化养殖奶牛效益最高。特别是牛被饲养在牛栏里。牲畜采食很大程度上来自灌溉土地上种植的当地或引进的饲料。选择这种饲养方式的通常是商品经济化企业的老板，他们在小块土地上实现利润的最大化，通过在当地牲畜品种和欧洲引进品种之间进行杂交配种来改善鲜奶生产销售的收益。除了养殖奶牛，集约化定居型饲养也饲养本地牛、山羊、绵羊、骆驼等用于挤奶或供应肉类。

集中饲养的动物（在农场里）的饲料主要来自本国和苏丹的饲草（干草）和精饲料（麸皮、玉米等饲料）。自从大麦在区域牲畜出口中心投入运作以来，促进了畜牧业的发展，对牲畜的草料和饲料的需求大大增加，因而有必要供应来源多样化并尽量提高全国的饲草产量。全国牧场种植的饲草品种主要有：大黍、非洲虎尾草、高粱草、苏丹草、银合欢、阿拉伯金合欢、牛蹄豆等。

渔业资源开发与利用

水域资源 吉布提位于非洲东北部亚丁湾西岸，扼红海进入印度洋的要冲，拥有海岸线 372 公里，海域的西部和西北部靠近吉布提内陆，海域以北接厄特里亚，以南连索马里，海水渔业发展具有独特的水域优势，渔业资源集中的大陆架达 12～15 公里，深 20～50 米，面积为 2 492 平方公里，占经济特区的 34.6%（联合国粮农组织 1984）（Kunzel. 1996）。水域可细分为五个区，分别如下：

第一区：该区与塔朱拉湾南边的海岸线相重合，东北分界点的坐标为（11°38.50′N，42°50.00′E），西北分界点的坐标为（11°33.40′N，42°41.00′E），该区南部一直延伸到索马里边界线上。东南水域不是很深，富含营养物质，但是珊瑚礁不是很丰富。在塔朱拉湾入口处，吉布提市北部有一个面积挺大的珊瑚礁群，穆萨（Musha）和马斯喀力（Maskali）两个岛屿被大量的珊瑚礁群围绕。

第二区：与塔朱拉北部海岸线相重合，南部与一区相毗邻，北部到奥博克，地理坐标为（11°58.80′N，43°21.80′E）。

第三区：在二区的北部，一直延伸到拉斯西彦（Ras Siyan）（12°28.40′N，43°19.50′E）海角处。

第四区：该区位于三区北部，直到埃塞俄比亚国界线。该区由考尔安卡尔（Khor Angar）和高德里亚（Godoria）两个环礁湖，被红树群环绕，水不是很深，少沙。在拉斯西彦（Ras Siyan）海角东部，有珊瑚聚集的大陆架。

第五区：剩余区域为第五区，主要是靠近首都吉布提市，港口、码头等多集聚于此。

鱼类资源　据估算，吉布提的渔业资源每年允许开采的资源潜力约为4.7万吨，最丰富的区域位于北部的奥博克区和南部靠近索马里的水域。在分布的鱼类中，55%是底层鱼类，45%是中上层鱼类，在捕捞频繁的鱼类中，首先是扁舵鲣（当地居民喜欢捕捞的金枪鱼品种），接着是石斑鱼，鲷，鲹，金枪鱼，鲆和绯鲤。吉布提的石斑鱼和绯鲤的商业价值较高。

开发现状　据吉布提渔业司的资料显示，目前全国海洋渔业每年捕捞量约0.2万吨，约占可开发潜力的4%。全国只有一百多艘机动小渔船，从业人员约1 000人。由于吉布提法律禁止用拖网捕捞，主要通过传统的手工网捕，方式落后，效率不高。总体上讲，吉布提渔业开发利用不足，还有较大的潜力需要挖掘，影响开发利用的因素有以下几方面：

第一，国内市场消费水平低。一方面，吉布提人口只有80万左右，穷人很多，当地人多为穆斯林信徒，不喜欢吃海鲜和鱼类食品，在首都吉布提市的一些贫困家庭，一个月一家人平均消费1公斤鱼，每人每年消费1.7公斤鱼。二是鱼产品价格与牛羊肉类产品价格接近，没有竞争优势。据调查，一年中的大部分时间，市场上鱼类价格为每公斤500吉布提法郎左右（折合约2.8美元），当地新鲜的石斑鱼，市价为每公斤700吉布提法郎。

第二，国际市场出口量很小。吉布提目前只有一家私营企业从事渔产品出口业务，每周销售量为20～30吨，全年出口量约0.1万吨。该企业主要将新鲜的金枪鱼、石斑鱼通过空运、海运等方式，远销到日本、迈阿密、迪拜、香港等地。据测算，按照该国的渔业潜力，每年有出口1万吨的开发空间。

第三，鱼类残留金属超标限制出口。据欧洲水产品检测机构的数据显示，吉布提的金枪鱼和鲨鱼的肉被确认含有重金属，其中铅、汞、镉曾经被检测出含量超标，限制了该国鱼产品的出口。为此，吉布提官方成立了一个海产品分析检测实验室，旨在加强海产品质量监测和风险分析，指导鱼类产品的合理开发和消费。

第四，捕捞技术原始落后。吉布提主要是由渔民驾驶机动小船到海域实行网捕，分层捕捞技术在这里没有得到使用，即目前还不能根据鱼群的生长环境和深度，进行有目的、有对象的捕捞。

养殖前景 吉布提的水产养殖还是空白，但未来的潜力有待估量。通过调查，可以优先考虑适合养殖的种类是虾和藻类养殖。但在虾的养殖方面仍然面临技术问题，也还存在淡水和电力的供应、投入产出比的核算以及水产养殖业对环境的影响因素等。通过各项调查，以下几个区域可以进行虾类养殖试验点。

a. 考尔安卡尔（Khôr Angar）

该区海域长度为 16 公里，从拉斯西彦（Ras Siyan）一直到喀达奎尼（Kadda Guéini）。该区人口稀少，主要是饲养骆驼和山羊的牧民，平坦地面超过 0.2 万公顷，植被稀少，甚至没有。该区域海底主要由黏土、淤泥、沙子构成，黏土厚度达 50 厘米。

b. 高德里亚（Godoria）

该区的海域长度为 10 公里，从喀达奎尼（Kadda Guéini）丘陵一直到拉斯西彦（Ras Siyan）北部。该区为无人区，没有村镇，也没有植物生长，闲置平地超过 2 000 公顷。该区的泥土由沙子、黏土和淤泥混合而成，海水质量好，道路从奥博克直达埃塞俄比亚边境线。

c. 保尔奎巴（Bôl Guiba）

该区域面积比较小，海底泥土由淤泥和黏土混合而成。有一条从奥博克通往塔朱拉的公路，路况较好，长约 7 公里。该区地区下十几米处可开采淡水，自然情况较好，海水水质较好。

投资渔业开采注意事项 政府鼓励投资机构投入该领域，但目前可用于开发水产养殖业的海洋渔业潜力还有待核实，公共海洋区域没有任何法规特许一些人开采，渔民不能冒险去海边投资。渔业投资者事先需要了解和遵守有关规定，制定一个促进鱼类资源可持续开采的计划，针对不可开采或开采空间较小的鱼类实行多样化管理，让渔民参与渔业资源开采政策的实施，参与渔业资源的保护与合理利用的行动中，顺应鱼类演变的数量趋势，保护和改善鱼类的生存环境，预防由于过度捕捞、不负责任的行为引起的损失和损害。

2. 生态环境保护

生态环境概况

吉布提生态环境由于地处半干旱区，降雨稀少，蒸发量大，无长期稳定河流，加之干旱、水蚀和风蚀、洪水等自然灾害频繁发生以及地下水无序开采、过度放牧等影响，致使森林植被退化、土壤沙化、盐碱化严重，部分地区（吉布提市）地下水因海水返灌，水质变差，自然生态环境正逐步恶化。目前，全国森林植被覆盖率只有5%，每年有400公顷土地因灌溉水枯竭或土壤盐碱化而废弃。

干旱 受降水量稀少且不规则、蒸发量大等影响，吉布提几乎每年都发生干旱，比苏丹撒赫勒地区还严重 。干旱造成大量耕地退化，畜禽缺水死亡，影响了全国1/3人口生存，加剧了过度放牧和生态退化，加快了沙漠化进程。

因植被的消失和退化，岩石裸露风蚀加剧，不合理灌溉盐碱水，土壤盐碱化而板结，致使侵蚀现象更加严重。如汉雷、卡拉夫、多达、嘉美拉、昂达巴、大巴拉和小巴拉平原的侵蚀十分严重。主要的农业发展区域的歌巴达和汉雷平原的土壤每年损失达到4%~5%，导致干河谷的水文地理网过密且坡度较大，泥石流经常发生，水土流失侵蚀也很严重。

洪水 是仅次于干旱和地震的主要灾害，造成了大量的家畜、人类、水利和农业基础设施的重大损失。1976年独立以来，吉布提已遭受7次洪灾影响。其中，1989年降雨达到693毫米（1980年降雨仅9.5毫米），数小时内大雨倾盆，在很短的时间内，昂布里干河洪峰达到1 000立方米/秒流量 ，迅速冲毁了236个蔬菜园，20 000所房屋，死亡达300多人；2004年洪灾再次发生，造成12人死亡和众多建筑物毁坏。

狂风 吉布提每都年要遭受狂风影响。2008年8月，吉布提市中心遭受到了风速达到150公里/小时的狂风（比平时增加了10倍），并伴随暴雨，损坏了大量的房屋和电力设施网。

水质矿化度较高。我们测定灌溉水、土壤盐分和pH值：盐分分别为0.23%~1.09%（平均0.66%）、0.20%~0.68%（0.47%），pH值分别为6.57~8.05（pH值7.54）、6.66~7.94（pH值7.34）。表明水质主要为盐碱水。加之无序、过度开采地下水，致使沿海地区海水返灌，水质变差。2006年，水年产量约为1 400万立方米，并不能满足目前2 000万立方米的需求，部分城市居民和乡村人民饮用水的采取过度开发地下水，致使海水返灌，水质质量下降，到2015年，城市人口扩张，需求将会升至3 200万立方米，现状令人堪忧。如：我们测定昂布里干河流域的农林司苗圃地下水含盐1.22%，比对岸二级阶地上昂布力侯赛因牧场的地下水盐含量增加0.36%，仅比海水盐分高0.21%；塔朱拉荷布哈克村（距海500米左右）地下水盐分为0.75%，比上游3公路处PK9~TAD（海拔高差10米左右）地下水盐含量高0.34%。

森林植被

吉布提国土主要由90%沙漠和火山组成，植被覆盖率低，绿洲和森林仅占全境面积的5%。

全国森林植被分布在沙漠边缘的平原、山区和沿海等地区，以金银合欢树、红树、刺柏等为主。植被受降水量影响大，覆盖率只占国土面积的5%左右；其中，山区以地中海型和吉布提型植物（刺柏）为主，被国家保护的歌巴德高原和马布拉高原干旱阔叶林面积约 2 000 公顷，覆盖率达 20% ~60% ，昂达巴和玛德古洼地（塔朱拉区）和基尼巴德（迪基尔区）分布稀疏、面积较小的金合欢属森林，红树群落主要集中在奥博克区的沿海平原区。全国其余地方覆盖大草原群系。

农牧业生态保护

由于吉布提干旱、水蚀和风蚀、洪水等自然灾害频繁发生以及地下水无序开采、过度放牧等影响，致使森林植被退化、土壤沙化、盐碱化严重，部分地区（吉布提市）地下水因海水返灌，水质变差，自然生态环境正逐步恶化。政府和相关部门已经越来越认识到到生态保护的的重要性，也制定了一些保护性法规和规定，如农业部所属的农林司负责植树造林、打井推广种植牧草，防止沙漠化和过度放牧，在种植方面很少使用化肥和农药，但限于吉布提财力和人员素质和自然条件的各种因素，以上诸多保护农业生态环境的措施实施效果不尽人意。如阿贝湖和阿莎尔逐渐干涸，就是生态环境日益恶化的典型例子。保护生态环境将是吉布提一项长期、持久而见效缓慢的任务。

植树造林、推广牧场种树、种草，让牧民定居，限制牧民过度放牧，控制使用农药、化肥和滥用兽药、饲料添加剂等措施，将是吉布提保护农牧业生态环境，促进农牧业可持续性发展的重要手段。

渔业环境保护

渔业资源环境在吉布提农业发展中占有举足轻重的地位，渔政管理部门承担了渔业环境监测、保护法规的起草和实施，通过探索和推行"共同参与"模式，取得一些成效和经验。第一，明确了共同管理机构。政府、监管部门、经营企业、渔业协会乃至渔民承担各自权利和义务。第二，强化部门之间的分工协作。渔业法规明确规定，渔业司是渔业安保方面的管理部门，吉布提海洋事务司、环境规划司、旅游局、科研中心等部门也扮演不同角色，在渔业资源环境工作中分担各自任务。第三，依法制定、实施了渔业可持续发展和生态保护方面的措施。比如，加强开采计划的管理，防止过度捕捞；遵循种群变化的趋势，保护鱼类栖息地和渔业生态资源环境：开展渔业环境监测，进行风险分析评估：加大科普知识宣传，提高全社会参与渔业资源保护等措施。

现行的吉布提渔业法已经明确规定，禁止在海域用拖网捕捞，为渔业可持续发展提供了法律保障措施。国家有关渔业资源环境报告已经提出，为了保护海洋生物的多样性，需要加强对某些海洋物种和资源环境的保护。

海洋环境资源的保护措施

针对吉布提海洋环境资源的实际，政府、有关部门和外国专家已经意识到保护该国海洋生态环境的重要性，提出了一些具体的保护性措施。一是结合现有海洋资源环境的实际情况，强化保护措施，保护海洋藻类和脆弱的珊瑚环境，防止破坏海洋的生态系统；二是积极开展海参、鲨鱼、海龟、儒艮等稀有海洋动物的项目研究，修订和完善保护环境和渔业资源的法律法规；三是加大执法力度，禁止捕捞海龟、鲸鲨、海参、海鸟等海洋动物，制止提取鲨鱼鱼鳍、用贝壳、珊瑚制作工艺品等损害海洋动物的行为，特别要保护儒艮，预防这种稀有物种灭绝；四是加强法律培训宣传，发展生态旅游，减少渔民非法捕捞，让渔民及驾舰艇的人航行时注意锚对一些珊瑚和水生植物的破坏，引导民众对海洋食品进行健康消费。

第三部分　吉布提农业发展的经验教训和对策建议

一、吉布提农业发展的经验和教训

1. 吉布提农业发展简史

吉布提是游牧畜牧业国家，没有农业传统。在殖民统治时期，只有塔朱拉旧港口城市和沿海地区（昂巴伯，卡拉夫和萨迦路）有棕榈林，也有些家庭进行椰枣树与粮食连作。

20世纪初期，由于吉布提市的兴起和发展，也门籍居民，利用祖传农耕技术，在市郊南部昂布里季节河肥沃的冲积阶地上发展绿洲农业，种植椰枣树和蔬菜作物（番茄、生菜、茄子和其他一些品种），满足了吉布提市对新鲜农业产品的需求。内陆的阿里萨比、迪基尔、奥博克、塔朱拉四个区、乡村行政区拥有很小的公共菜园，以种植果树和蔬菜等装饰性植物，美化家园和补充蔬菜、食物不足。直到1977年国家独立前的50多年中，农业生产还只局限这些地方，根本没有激发全国传统牧民的兴趣，发展定居农耕农业。

20世纪80年代到90年代，国家鼓励私人投资和增设农业合作社，通过大力开发钻探打井，增加出水口的数量，建立乡村机构，搞好人员配备，向农业转型的饲养者派遣农业技术员，并大量无偿提供农业生产资料等方式或措施，农业生产有一个质与量的飞跃。1978年的农业产量是50多吨，1996年是4 887吨，到了2000年产量接近6 000吨。尽管产量持续增长，吉布提在食品方面严重依赖进口。2003年，当地产量仅满足全国10%的需求，产值占国内生产总值的1.5%。

21世纪至今，吉布提发挥区域性战略地位，充分与国际间政府或组织合作，得到他们项目、资金、物资、种子、人员和技术的大力援助，制定了2005—2015年全国性的粮食安全和抗干旱活动计划，规划实施以灌溉系统为基础的绿洲型农业：在首都附近，农场优先种植椰枣树，配合种植番石榴树、芒果树和柠檬树，在低地种植的是蔬菜；首都之外的地区，采取果树栽培和蔬菜种植间作或混作，初步形成了不同地区的不同种植特色。如歌巴德平原和汉雷平原以番茄为主，阿尔塔、邦古阿雷、朗达或维阿的山区以种植芒果树、柑橘和香蕉树为主，沿海以种植椰枣树为主，其中，吉布提科研中心研究培育的高产椰枣树品种，于2006年在全国进行了应用推广。

2. 主要经验

吉布提农业发展的经验是：紧密依靠国际援助项目，逐步发展本国农牧渔业，力争实现粮食生产和牧渔业食品自足。最近几年，吉布提政府通过美国、中国、欧洲、FAO、阿拉伯和非洲联盟等国际间政府或组织进行大量资金与技术援助，大力勘探城乡钻井，修建地表水拦蓄水塘、坝、水窖和贮水池等水利工程，解决了相当部分地区的人畜饮水和农田灌溉，吉布提农林司围绕这些项目配套建设了灌溉软管、贮水和蓄水等设施，开展了椰枣、饲草、绿洲和抗干旱等活动计划，引导并促进了农村家庭定居的稳定与发展，改善了部分地区粮食安全和抗击贫困能力，取得了一定成效。

加快了农牧场发展

2008年农牧场数量1 700个、种植面积1 250公顷，分别比2003年（1 530个），种植面积1 015公顷增加235公顷，增23.2%。

提高了农业产量

吉布提没有农业传统。在殖民统治时期，只有塔朱拉旧港口城市和沿海地区（昂巴伯，卡拉夫和萨迦路）有棕榈林，20世纪初期，由于吉布提市的兴起和发展，南部昂布力季节河肥沃的冲积阶地上发展绿洲农业——椰枣与蔬菜作物，直到独立前也只限于吉布提市的郊区。独立后80年代至90年代中期，通过增加打井和出水口的数量，加强农业转型的游牧民技术服务指导，农业经历了一个飞跃，农业种植产量由1978年50多吨提高了到6 000吨左右，其中，2007年，蔬菜、水果和饲料产量比2004年增加780吨，增长15.2%，比2006年增长5.4%。农业GDP比2000年增加0.9%。

促进了生产基地建设

以农林司苗圃为中心苗圃，建设了五个行政地区的苗圃基地。2007—2008年，农林司中心苗圃为农户、合作社，非政府组织和公共机构等无偿提供100多万株树苗，对发展经济林木，绿化国土，保护生态环境有很好的积极推动作用。

推动了粮食安全计划项目

粮食安全计划包含抗干旱活动、椰枣种植、PPAP和绿洲计划等项目。据《吉布提农牧业成就与展望报告》表明2006年以来，在水资源充沛，能满足农牧业生产需要的地区，结合发展更多的定居和半定居农牧业，优化的农牧业生产结构，推广椰枣种植园计划，种植吉布提科研中心培育的高产新品种，平均产量每年为60～100公斤/颗；实施PPAP项目山羊的奶产量从40%提高到60%。同时，两项目不仅增加收入和丰富营养多样化，而且有助于改良区域小气候，保护生态环境。温室大棚发展了3个，面积达15公顷。

在农田水利实施同时，加强了抗干旱活动、开展多种途径宣传和技能培训工作，提高了农牧民发展生产意识和成效。一是带动了吉布提到埃塞俄比亚公路即PK48阿尔塔地区沿线的动物奶产品的销售网点；二是带动了吉布提市郊或五个行政地区的农产品销售市场建立；三是带动了果树、香料等产高、价高的广泛种植与发展；四是带动培育了妇女编制手工产品，多方位增加收入。

二、吉布提农业发展存在的主要问题

目前，吉布提农业生产缺少稳定、丰富的灌溉水量，新型优良的种子供给，先进的生产栽培和节水灌溉技术，缺乏政府跟进的生产维护人员、设备等，以及农业生产活动和畜牧业生产活动未采取分开管理，致使农业经营者难以掌控土壤肥力、肥料供给、施肥技术，轮作栽培等，绿洲农业缺少农畜一体化的协调建设发展，严重阻碍了农民生产积极性和农业生产技术进步与发展。同时，除吉布提市郊少部分农场经营者具有产品销售意识外，全国大部分地区未建立完善农产品市场销售体制和网络平台，限制了产品流通、更新和效益发挥。主要问题存在以下几个方面。

1. 水利建设存在的主要问题

水利设施投入不足

一是政府投入资金不足。虽然吉政府最近几年逐年提高了农业预算资金，但10年投入到水利建设资金虽由2000年的48.7%提高到2009年的61.8%，年投资水平十分不稳定，波动太大，2009年投入资金仅为410万美元，占农业预算的30.3%，2006年却占75.7%。因此，致使农田水利设施建设投入严重不足，农业生产只能靠天吃饭，生产水平极不稳定，2008年果蔬、饲草等总产量比2006年增产305吨，但比2000年仅增75吨，比2003减少930吨。根据有关测算：到2015年农业预算应达到总预算的10%，估计任重而道远。二是农户无力投入。我们调查：1公顷以上农牧场多为政府、军队、警察高官或有钱富人建设，灌溉水能得到基本保障；但大部分小型农牧场多为生产力低、季节性强的自耕自足型家庭生产，灌溉水主要采用盐分较高、出水不稳定的河床浅层水，井、池、渠等水利设施抗干旱、洪灾等风险能力弱，加之无序灌溉，致使全国每年有400公顷土地因灌溉水枯竭或土壤盐碱化而废弃。11个农牧场掘井建设在遭受洪灾冲毁的干枯河一级阶地上，27%已毁坏；井建造平均深度7.4米，达不到地下水汛期与枯水期峰值变化5.2～13.1米，无法满足全年生活生产用水。

水利设施建设滞后

据调查：82%的水井缺乏丰富稳定的出水，太阳能、水泵等发电抽水配套设施不完善，渠系不配套，农田灌溉未端多为渗漏沙土渠（占灌溉渠系的75.6%），灌溉水利用率40%～75%，渠系水利用系数为0.55，平均毛灌水定额为1 089.2立方米/公顷，灌溉水浪费达891.1立方米/公顷。灌溉水损耗较大，致使季节性、工程性缺水问题突出，不能进行有效调节利用水资源。如塔朱拉达拉雅夫村2 000多人，至少再建2口井，才能基本满足；阿里萨比温室农场因灌溉水不足，减少了种植面积；测算都达农场豇豆种植，需灌水18次，投入油费9 586吉布提法郎/亩（1亩≈666.7平方米，全书同），占总投入的47.9%（总投入含人工、肥料和油费）。场主无力正常供给农田灌溉用水。

水利设施老化失修

由于光照强烈、昼夜温差大、侵蚀较强，加之渠系建设质量较差，一般3年以上的水利建筑物的水泥会老化、脱落，致使设施渗漏垮塌较为普遍。16个农牧场有4个蓄水池（容积420立方米）渗漏或垮塌，其余蓄水池因较轻微渗漏，蓄水功能降低了1/5左右；衬砌渠多为采用本地火山石或卵石安砌成15米×10米或20米×10米的矩形渠，有1 370米（占衬砌渠50%）渗漏垮塌，无法灌溉使用。

管理和管护制度不健全

一是服务不到位。农牧渔业部在五个地区下设1～2名人员组成的乡村发展地区机构，现总人数仅为21人，占总人数的8.5%，人员结构成倒"金字塔"状，基层人员严重不足。因此，人力资源有限，后勤、设备、资金严重不足，致使管理者不能深入生产第一线，及时有效地向生产者提供技术支持与服务，限制了取水通道畅通。调查8口管井中2口因水泵损坏，缺乏维修，井不出水。二是管理体制不健全。未建立全国性节约用水、合理用水的相关法律法规或水资源利用管理办法与工程管护机制。吉农田水利的水源地和贮水蓄水等骨干工程由水利司负责规划实施，农田末端灌溉工程由农林司负责，水利司设计实施。但一般井、池输配等系统都是建在农场里面，不可能与灌溉工程相分离，加之绝大部分场主无钱建设节水灌溉渠系，生产都是以水多少进行安排，加之，土壤改良也属于水利司职能（中国农田灌溉与土壤改良的职能都属于农业部门），该司为新成立单位，人员少，任务重，对农牧民培训指导很少，所以对工程管护制度意识十分欠缺。

水文监测和数据资料未建立健全

全国仅在昂布里的国际机场一个气象站，无法建立起全国性的水文监测与管理网络，更不能科学预报气候、预防干旱、洪灾等灾害性天气。另外，很多农业生产基础数据多为估算，缺乏科学统计数据和实际建设情况。如灌溉渠系建设数据、种植面积、生产状况等数据资料多为2005年之前，缺乏工程建设的概预算和投资效益分析及测算方法等。

2. 种植业存在的问题

设施落后，产量低

全国只有 1 700 多个混合型露地农牧场。农场以种植适应当地蔬菜水果品种如番茄、辣椒、茄子、甜瓜、番石榴、柠檬等为主，同时种植坚尼草、苏丹等牧草饲养牲畜。蔬菜、水果产量低，人均占有量7.9公斤，只能满足本国10%的需求。

温室大棚建设处于探索阶段

吉布提的所谓温室大棚，实际是降温防晒大棚。选址不合理，设施建设不规范。现有的3个大棚中，除了阿尔塔的总统府温室条件相对好一点以外，其他地区建设温室种植存在很大难度。温室种植蔬菜、水果投入大，产出低，需要进一步试验，目前难以推广。

技术落后，人员不足

吉布提农业生产属于季节性的自给自足型，生产水平低下。本国人直接从事农业生产的技术人员不多，农林司行政技术人员很少到农场示范指导，培训。提供的种子、农药、化肥等生产资料稀少。大型农牧场主多是警察等有钱的军官和老板，聘请的工人和技术员大多来自于埃塞俄比亚、也门等国家，当地人不愿从事农业，也不愿学习和改进农业技术。

3. 畜牧业存在的问题

考虑到气候条件，制约畜牧业发展的主要因素共有三个：水利资源、饲料资源、游牧引起的疾病传播。

生产方式落后

游牧为主，依赖自然资源，传统粗放；规模养殖量少而水平低。

畜牧供水不足

地表水丰富但打井量少，不能满足定居人畜饮水和种植牧草需要，牧民不得不随季节游牧。

机构职能不全

政策法律体系不健全，缺乏畜牧兽医技术人员、办公设施、交通车辆和出差经费，技术服务不到位，统计数据靠估计。

防疫手段薄弱

缺乏动物疫苗，兽药依赖援助，国家兽医实验室设施简陋，诊断能力有限。

畜产品有待开发

全国无牲畜屠宰深加工龙头企业，牧民满足于自给，商品化程度低。

缺乏科研能力

全国只有一个吉布提大学和一个科研中心，但无畜牧兽医专业学校和研究机构，人才依赖国外培养，畜牧品种资源丰富，但未深入研究利用。

4. 渔业存在的问题

尽管吉布提拥有丰富的渔业资源，但商品化程度低，鱼类开发和消费水平弱成为制约渔业发展的瓶颈。主要问题是：

（1）人均海产品消费不足，导致当地市场狭小（每人每年 1.5 公斤）。

（2）出口水平低，缺乏这方面相应的法律。

（3）渔产品销售网络不发达。

（4）生产资料缺乏保养和保质（船，发动机等）。

（5）缺乏适合支持吉布提渔业发展情况的融资体系。

（6）缺少有关渔业资源现状，生产单位，社会经济信息方面的真实可靠的统计数据。

三、对吉布提农业发展的对策建议

1. 农田水利和种植业建设的建议

由于吉布提人口分布广泛，吉布提市承载全国 75% 人口，可灌溉耕地多，森林植被退化，土壤沙化严重，地表水资源紧缺，干旱、侵蚀等自然灾害频繁，且国家经济十分贫穷，农业多为游牧型，水利设施建设成本较高等多方面原因，现水利工程取水蓄水、灌溉标准偏低，工程基础薄弱，工程设施少，水资源开发利用难度较大，地下水利用无序开发，且不平衡，人均占有水量极度偏低。因此，水资源开发利用成为制约吉布提国民经济可持续发展，人畜生存、生产、生活以及生态环境保护的瓶颈，加强水利建设特别是水源地建设势在必行。

加快农田水利基本建设

"无粮不稳"、"农业安天下"。没有过硬的农田水利设施，粮食安全就没有保障。因此，政府要加大水源地钻探开发，建设取水通道和修建贮水、蓄水设施等水利骨干工程，促进农田水利建设步伐：一方面在相间平原和雨水较为充沛的干河流域新建整治微水塘、坝、贮水池、水窖、引水渠堰等集蓄雨水工程；在农牧民生产生活集中地区修建深水井，保证水源供给。另一方面对柑橘、蔬菜、经济果林、饲草和苗圃等高效农业生产区，大力推广节水灌溉的微灌和管灌系统，提高灌溉水的利用率，确保灌溉保证率达到 80% 以上。同时，完善太阳能、风能、水泵等配套设施建设，加强渠道、池的防渗整治等工作。

加大土地综合开发治理

着眼未来，统筹规划，对人们生产生活影响较大的干河流域进行"山、水（河）、林、田、路、池、井"等项目综合开发治理，改善农业生产基本条件和人居环境，优化农业和农村经济结构，提高农业综合生产能力和综合效益，保护自然、社会生态协调平衡。做到规模开发一片、改造一片、成功一片。

加大资金项目投入力度

农田水利是农业和农村带公益性、公共性的重要基础设施，属于国家公共财政支持的范围。因此，要建立"国家为主，农牧民为辅"的农田水利发展投入机制，坚持多方筹措资金，出台外资企业进入优惠政策，建立多层次、多方位、多渠道的项目资金投资渠道，加大地方财政投入力度，大力搞好农田水利建设。

大力推广农业新技术

结合工程项目建设，大力实施高产、优质、高效的椰枣种植，发展优良饲草种植，推广温室大棚栽培，发展多用途经济林木等新产品、新技术、新项目，提高项目区粮食产量和增加食物营养供给。同时，要加强土壤改良，特别是盐碱土改良，巩固灌溉成果。

健全组织管理职能

一是加强水利灌溉的技术人员队伍建设，保障技术培训推广所需的设备、工具、手段和资金等；二是建立健全乡村水利发展地方管理司和全国性的水利建设维护基金，健全水利设施的管护制度，提倡节约用水和合理用水，确保水利工程设施安全和持续利用；三是建立乡村农田水利管理机构和饲养者或生产者的协会团体，建立销售平台，拓展产品销售渠道，引导农产品和特色手工业制品进入市场，增加收入；四是建立全国性的气象、水文观测、水质检测等站点或中心，科学预报气候和洪水发生。同时要健全数据资料科学化、制度化和指导化；五是强化涉水部门协调统一，互通信息和资源，确保项目规划实施协调有序。

克服"等、靠、要"思想

吉布提政府要自力更生、整合资源、完善各级政府管理职能、健全相关法律法规体系和技术服务功能，建立政府财政投入机制，加快新技术实施进程和病害工程整治力度；实事求是地做好短期与中长期规划，采取逐点逐段逐面的稳步实施，逐年推进，切实把有限的资金用好、用实，确保农田水利建设成功率和永久使用效益。

加强水利宣传教育

加强农田水利建设公益事业宣传教育，建设区域化、全国性的实验示范推广现场培训，通过样板示范、典型引路，动员全体国民、社团、企业或个人出钱出力，共同支持办好农田水利网络体系，造福国家，造福人民，并掀起全国性的大办农田水利建设热潮。

2. 畜牧业发展建议

明确发展方向
保障全国牲畜的卫生安全，不受重大疾病侵害；

改进畜牧业基础设施，发挥基础设施对畜牧生产安全长期支持的作用；

加强兽医机构的能力建设，特别是机构运作、培训和人员编制方面，提高服务效率；

提高水的可用性，改善牧场，促进全国牲畜生产力的增长。

明确发展目标
增加畜牧产量；

增强畜牧生产能力；

提高畜牧管理和服务职能；

提升畜产品加工能力和附加值；

开展畜牧科学研究。

实施吉布提未来畜牧发展项目计划与措施
畜产力改良计划（通过对饲料的随意支配和基因改良）：

改善饲料和其他牲畜食品的自由支配性；

引进人工授精（牛的基因改良）；

促进小反刍类动物的饲养；

饲养者和推广者人工授精技术方面的培训；

促进畜牧业领域研究机构的发展。

畜牧生产抗干旱计划：

逐步推行水域定居畜牧业；

实施地表水、打井种草养牧工程；

畜牧业生产多样化计划；

促进家禽饲养业的发展；

发展养蜂业。

加强职业机构能力建设和销售网络建设计划：

加强动物疫病监控建设计划；

加强动物疫病诊断能力建设，强化动物疫病监管系统；

培训和招收合格人员（卫生监测，流行病学和实验室诊断方面的兽医和技术人员）；

为了了解动物疫病的情况进行一次流行病调查；

加强对当地畜产品的监管（研究和培训）；

提升奶类安全性；

建立市场信息系统；

促进畜牧业合作社的成立并加强其建设；

改善牲畜和畜产品的商品化。

实施畜产品深加工：

实施屠宰场深加工项目；

加强当地畜产品的竞争性。

强化兽医防疫工作

制定动物疫病防控规划　依托国内外兽医研究机构和专家，成立"国家中长期动物疫病防控战略规划"课题研究组，研究内容：国内外重大动物疫病经济社会影响研究；重大动物疫病防控国际规则及有关国家实践研究；未来动物疫病防控目标研究；防控制约因素及防控策略机制研究；免疫、监测预警、检疫监管、应急管理、动物标识及动物疫病可追溯管理、兽用生物制品监管、财政支持、科技支撑、考核评价等防控政策的研究；重大动物疫病防控计划研究：重点研究裂谷热、小反刍兽疫、牛瘟、口蹄疫、布鲁氏菌病、结核病、禽流感的防控；外来动物疫病防范策略研究。

实施防控规划目标　围绕重大疫病的监测、检疫监管、免疫等重点预防目标和措施，分阶段消灭和控制威胁本国的重大动物疫病。

建立兽医防疫立法体系　及早颁布适用本国的动物防疫法律法规和疫病诊断技术标准。

加强兽防体系建设　多渠道培养公益性兽医人才，提高业务素质；合理定岗定员，优化工作目标考核评价体系，提高工作效率；加强国家实验室建设，提高监测预警能力；加强民间兽医技术培训，建立私人兽医有偿服务体系；组建畜牧兽医协会，提供技术交流平台。

强化财政保障政策　积极争取国家增加投入，保障必要的动物防疫工作经费。每年应合理计划和落实在职人员工资、出差补助、交通车辆、重大疫病监测预警、预防、处置经费（诊断、预防、扑杀、净化消毒等），确保防疫工作有效开展和落实。

3. 渔业发展建议

目　标

深入开发渔业潜力，大力发展渔业经济，实现渔业减贫增收。①出口创汇并在经济增长中发挥作用；②通过增加渔业产量，实施新的创收活动来改善贫民收入；③促进合适的加工技术和销售网络的发展，为城乡地区的粮食安全作出贡献。

措　施

制定和实施渔业中长期发展规划；

援助渔业基层组织，促进职业机构发展，进一步改善和加强生产者的技术、组织能力建设和生产基础设施的保护；

改善鱼类产品加工、销售、分销服务；加强渔业产品出口的支持；

支持经济活动，技术和科技革新，研发水产养殖（如有利于水产养殖发展的两个主要物种：一是虾，二是藻类种植业，同时加强对海洋环境的保护；

加强部门负责机构的能力，强化渔业司和其他行政机关的制度支持；

加强政府部门和渔民之间资源共同管理系统范围内资源的可持续管理。

第四部分　吉布提与中国农业合作情况

一、中吉农业合作进展成效

1. 国际援助情况

国际组织对吉布提的农业援助涉及农业、畜牧、水利、渔业各个领域。重点在农业水利灌溉领域。

吉布提把农田水利建设纳入了国家粮食安全计划第一要务，也是发展第一产业的第一要务。最近几年，通过美国、法国、日本、阿拉伯和非洲联盟等政府或机构组织进行资金与技术援助，解决了相当部分地区的人畜饮水和农业灌溉。一是在某一区域内集中钻探打井，确保该区域有稳定丰富的水源供给；二是完善配套建设太阳能、水泵等动力抽水设备，解决了居民和农牧民承担抽水的经济负担；三是在典型农场，试点示范建设小型风力发电工程，推广无污染、高效的风能；四是日本国际合作机构"JICA"在吉布提南部地区，不仅钻探打井，而且配套建设了引水、输水和蓄水池等工程，解决了吉布提因财力无法及时配套建设的问题。

世界银行　为水利部门提供资金，参与了禽流感防治项目。在第一产业部门发展规划范围内，世界银行的其他活动趋向于教育和能源；通过减少某些生产费用，对第一产业部门的能源进行干预可以获得积极的反响。

伊斯兰教发展银行　支持联合国粮农组织发起的粮食安全特别规划，以及对阿里萨比和塔朱拉两座大坝的研究。

欧盟　参与乡村地区地面基础设施的修复和泵送站太阳能设备的配备以及污水处理。

法国发展机构　参与基础教育、艾滋病防疫和城市发展。

国际农业发展基金会　自 2006 年开始，为小型企业发展项目提供小额贷款资金。

世界环境基金会-联合国开发计划署- 法国世界环境基金与国际农业发展基金为地表水调动和土地可持续管理计划提供资金。

美国军队　在五个内陆地区完成了政府的打井计划。

非洲开发银行　为家用和农用水资源的调动项目以及食品卫生实验室提供资金。

联合国儿童基金会　参与抗干旱计划、出水口的修复计划和欧盟的项目。

法国红十字会和吉布提红弯月（红弯月是指红十字会在伊斯兰国家的标志）整治修复和新建出水口，调动地表水项目。

联合国粮农组织　参与粮食安全特别规划的实施，在技术合作项目的范围内就多个领域提供支持（国家粮食安全规划的制定，椰枣树的开发，打击非法渔业活动，向受食品价格飞涨影响的居民提供援助），也通过技术合作项目对某些法律的制定提供技术援助（植物检疫条例的制定，有关私人投资者获得农用土地特许权的法律制定），对电视粮食集资运动提供支持。考虑到受干旱和价格飞涨影响的居民，联合国粮农组织对资金调动也进行了干预。

沙特发展基金　参与乡村地区饮用水供应和太阳能设备配置计划。

阿布扎比发展基金　参与出水口的修建，农村地区饮用水供应计划和太阳能设备的配备。

世界粮食计划署　参与了地表水调动和土地可持续管理计划。

政府间发展组织　开展粮食安全、环境保护，解决争端的多项计划。

阿拉伯农业投资发展机构　向温室蔬菜栽培试验性计划提供资金。

2. 中国援助经验

早前的中吉农业合作，主要在水源地的钻探打井，解决人畜饮水问题，多余的水用于农田灌溉。

1998 年，中国打井队与吉布提科研中心共同完成了吉布提东南部阿里阿德一带 5 个钻井：在距首都 50 公里的豪勒镇以南的河谷、45 公里的维哈河谷，阿里萨比城和穆勒德镇和塔朱拉地区各建设一口钻井，共计 9 口井，并完善配套了供水泵站，圆满解决联合国难民署（UNHCR）为该地区数万名难民解决吃水的任务，得到了联合国难民署日内瓦总部的称赞。

2008 年 2 月，中国成套设备进出口（集团）总公司、北京市地质工程勘察院在中国驻吉布提大使馆和经商参处的领导和协作下，充分与吉布提农业部、科研中心合作，完成了《吉布提共和国 Hanle-Gobaad 地区供水可行性考察报告》，为 2009—2010 年日本国际合作机构"JICA"在吉布提南部的阿尔塔、阿里萨比和地基尔实施 18 口钻井指明了方向，也为吉布提最好的塔朱拉的偏硅酸矿泉水开发做出了贡献。

2009 年，中国天津某公司开发海水淡化工程，解决吉布提市区人饮水的问题。目前，该项目正在谈判中。

2009—2010 年，中国政府首次派出农业专家组到吉布提开展调研和示范工作。根据中吉两国政府签署的援吉农业项目换文，温室种植专家、农田水利灌溉专家和畜牧兽医高级专家，在吉布提农林司、畜牧司有关人员的陪同协作下，采取"听、查、看、访"的形式，深入到吉布提共和国的5个行政地区，对区级农业、水利技术服务站5个，乡镇政府2个，村庄10个，农牧场17个，农贸市场5个等进行了农牧水渔等领域的实地考察和调研，详细地分析了全国和各地区农业生产、水土资源和农田水利工程建设现状、问题与不足，圆满完成了各专业的农业政策及规划咨询、理论指导和具体技术培训工作，其中完成五个示范农牧场种植，6个各类专题调研报告和3个中长期规划报告，并开展了现场、课堂教育技术培训近800多人次，得到了吉方的肯定和赞扬，并要求中国政府继续增派农业专家和技术员。

2012年9月，中国政府再次派出农业技术组，包括临床兽医专家、实验室兽医专家、渔业专家、林业专家各1名到吉布提执行为期1年的农业技术援助任务。此次任务是在前期基础上进行更具体的技术示范、培训和指导。

二、中吉农业合作发展前景

1. 钻探打井项目合作

为解决吉布提水资源开发利用瓶颈，促进农业和国民经济可持续发展，确保人畜生存、生产、生活以及生态环境保护等良性循环，根据《吉布提共和国北部钻井供水项目的可行性报告》，构想中国援助项目或合作方向应以吉北部塔朱腊、奥博克两个地区为重点，进行勘探钻井10口（2009年，日本国际合作机构"JICA"在吉布提南部地区实施18口钻井），井深度为100～250米，水质矿化度 <2 000毫克/升，符合人饮标准。坚持"先人饮、后畜牧饮用，再农田灌溉的规划建设"原则，以解决城乡居民饮水，游牧民进山放牧用水，定居农牧民的人畜饮水和农牧场的田间灌溉的水源地建设为目标，统筹规划、逐年推进，稳步实施。同时，要完善配套建设太阳能板，耐盐碱、耐高温的深井潜水泵等动力抽水设备以及引水、输水和蓄水池等水利工程，以减轻当地居民或农牧民承担抽水而产生的经济负担，解决因吉布提财力无法及时配套建设的问题，确保的项目区域内有稳定丰富持续的水源供给。

2. 农资产品供应合作

吉布提为了实施粮食安全计划，就必须加大水源地的水井建设，大力推广节水灌溉系统和为大幅度提高农业种植面积、生产产量须增加的农机具的需求，因此，中国生产的喷滴灌系统、灌溉管道、小型发电机和深井水泵等以及小型农机具，以及农业、畜牧业生产资料和兽医药品等具有明显的价格优势和良好的市场前景需求。

3. 畜产品深加工项目合作

吉布提由于其优越的地理位置，牲畜资源较为丰富，2006 年以来，平均每年活牛、羊和骆驼转口贸易数量达 120 万头。吉布提政府亟须招商引资，在当地建设一个国际化的牲畜屠宰场和肉品深加工厂，以实现年屠宰量到达 50 万头的规模，以出口创汇，提高畜牧产品附加值，市场潜力较大。

4. 鱼产品消费和储存开发项目

吉布提渔业资源较为丰富，目前海鱼类年产量约 2 000 吨，仅占每年可开发潜力资源 47 000 吨的 4.2%，当地人年均消费鱼类约 1.5 公斤，水平很低。鱼类消费和出口市场有待开发。适合海洋水产养殖的两个主要物种（虾和藻类），存在较大的发展潜力，需要引进外资投入开发、研究和试验。

三、对中吉农业合作发展的建议

1. 中吉农业合作建议

对吉方建议
出台政策　吉布提政府要整合资源，完善各级政府管理职能和技术服务功能，出台外资企业准入优惠政策，鼓励个人、集体、外资或企业领办农业建设。同时，建立健全《土地管理法》、《土地生产特许证》、《水资源管理》以及其他农业、畜牧、渔业等相关法律法规。

积极配合　要明确专人、专职配合援助方，帮助收集所需的基础资料、陪同野外工作调研和协调联络相关部门的工作。同时，吉布提管理者要与各生产农牧场场主签订书面的目标援建合同或协商，明确他们的服务、配合等责任，确保援助方的工作顺利展开。

创造良好工作环境　吉方须真诚解决援助技术人员的生产、生活、安全与交通等条件，为援助方创作良好的工作环境。同时，提供力所能及的项目监测仪器或手段。

对中方合作建议
工程项目援助　帮助吉布提勘探开发水资源、农田灌溉、新型实用农业生产、畜牧养殖、兽医防疫、渔业开发技术等项目或技术援助。采取分年度、分项目，分阶段，坚持按照实际援助能力，统筹规划，稳步实施，做到援助一个项目，成功一个项目。

技术援助 根据中国政府的援助项目要求和实际能力，结合吉布提政府的需求，双方友好协商，在农业种植、畜牧兽医、水利灌溉、渔业领域选派 4～6 名专业技术人员和 1～2 名专家（对于不易出成绩、基本条件不足的具体专业建议不要选派），分期到吉布提的农业生产第一线（技术员吃住在农场），开展技术试验、示范、指导和培训。要求专家和技术员具备较强的专业综合应用能力，特别是动手能力要强，有责任心、肯吃苦，身体素质好，外语（法语或英语）基础较好，长期在农场和市、县级农业技术推广部门工作的专业人员，作为选拔专家或技术员的优先条件。

例如，兽医专家或技术员，不仅要具备兽医方面的技术，同时要熟悉畜牧养殖方面的技术；水利灌溉和种植专家或技术员，应当熟悉土肥生产与种植业生产技术。总之，农业技术组需要能吃苦耐劳的复合型人才，需要身体力行地开展试验示范操作，并现场指导培训当地技术人员，从而带动受援国合作技术员熟练掌握各项常规操作技能，推动受援国农业技术进步。

保障援助农资产品质量 援助农资产品性能要符合当地环境。目前 90% 以上的小型农具使用都是中国制造，50% PVC 农田灌溉管和小型发电机是中国制造，但相当部分产品很不适合当地的高盐碱、高温环境，有效使用时间十分短暂。因此，中国农资产品必须适合吉特定环境，切实加强产品质量，提供价低、质高、性优和耐高温、耐盐碱、耐腐蚀以及使用时机较长的农资产品，彻底摒弃中国制造是劣质产品的代名词。

2. 中国技术援助管理建议

完善管理机制

吉布提生态环境较差，气候炎热、缺水且水质不好，吃、住、行等花费较大，特别是水电费、生活等费用高，农业专家和技术员需要深入农场第一线，工作环境非常艰苦。诸多因素会影响专家和技术员的工作精力和情绪。建议：

根据实际情况将项目经费总数包干，各项目之间合理调节、打包使用，并适当补贴一些水电、交通等费用，为专家和技术员能集中精力搞好业务工作，解决后顾之忧。

对未来农业技术组的管理，我们认为继续参照农业专家组的管理模式，在中国使馆经商处和农业部的双重领导下开展工作，至少有以下三点好处：有利于援外政策和纪律的更好贯彻和落实；有利于财务制度的审批和监管；有利于对工作中出现问题的协调处理。存在不利有一点，就是经常向经商处领导请示汇报，难免不时麻烦领导而可能分散他们的工作精力。

配套专业经费或物质

没有示范推广经费或仪器设备支撑，项目就没有抓手，仅靠一张空口、一双素手、两条腿开展工作，显然十分被动，且非洲国家多为落后贫穷，文化和认知水平低，他们对金钱和物质需求远远大于技术援助。因此，建议国家应尽量给技术组配套工作专业经费和简易、便捷的仪器、治疗药品及诊断试剂等物资和设备，通过"技物结合"，确保技术援助实施效果。

强化吃苦耐劳精神

吉布提恶劣气候和农业生产环境条件差，援助人员必须具备吃苦耐劳、甘于奉献的精神。同时，要勤思考、善于分析总结，要循序渐进、脚踏实地的干，要多与当地实际相结合开展工作，切忌生搬硬套国内生产方式或将自我意识强加于被援助方。

尊重当地风俗习惯

要熟知当地法律、法规，特别是交通、劳动以及生产生活的相关法律，充分了解当地民族风俗习惯，掌握他们劳动方式和活动频率，相互尊重、理性对待，真正学会与他们打交道、交朋友。同时，要督促各方签订试验、示范推广等援助合同或协议，明确各方责权利后，援助人员才能进场开展工作，促进援助项目顺利实施。

厄立特里亚

—— Eritrea ——

厄立特里亚农业部部长（Arefine Berh)（中），亲切接见中国援厄第二批高级农业专家，图中左二为中国驻厄使馆经参处张友华参赞，左一为专家组长李酶，右二为何昌永，右一为陈克华

中国援厄高级农业专家组

工作时间：2012年3月至2014年3月

组　　长：李　酶，陕西省杨陵区农林局高级农艺师

组　　员：何昌永，四川省自贡市沿滩区农林局高级农艺师
　　　　　陈克华，福建省南平市邵武市沿山镇高级农艺师

2012年7月4日，新任驻厄大使牛强（中）亲临工作现场看望慰问援厄高级农业专家李酶（左二），陈克华（右二）和何昌永（右一），左三为刘彦明政务参赞，右三为张友华经商参赞

2012年8月8号，农业部外经中心副主任袁汉平（前右）副主任，农业部国际合作司余杨（前左）到驻地看望第二批援厄高级农业专家

厄特农业部农规司司长胡锐（Huruy）（左二）与中国援厄高级农业专家共同商讨农业援厄技术路线

牛强大使（左二）、张友华参赞（右二）检查农业援厄工作

见到第一批蘑菇开始采收，厄专家兴奋之情溢于言表

援厄农业专家正在检查调试农用手扶拖拉机

第一部分 厄立特里亚概况

一、自然地理概况

厄立特里亚（The State of Eritrea）位于北纬 12°42′～18°2′，东经 36°30′～43°20′，面积 125 000 平方公里，属亚撒哈拉地区。人口约 400 万。地处东非的最北部。国家地理轮廓呈古钥匙状。可划分为四个自然地理区：东部坡地、沿海平原、中部高原和西部低地丘陵。中央高原占国土面积三分之一，海拔 1 800～3 000 米，境内最高峰为中部高原的安姆巴—索依拉峰（AmbaSoira），海拔 3 013 米；西部低地，平均海拔 1 000 米；东部低地，平均海拔 500 米；沿海平原，平均海拔 500 米以下。厄立特里亚水资源缺乏，境内河川不多，且多为季节性河流。塞迪特河（Setit）为其境内唯一常流河，境内全长 180 公里；最大的季节河巴克河（Barka）满水期可长达 440 公里。厄立特里亚首都阿斯马拉位于东三区，比北京时间晚 5 个小时。

高原地区气候宜人，年均气温为 20℃，年均降水量 500 毫米；凉季（12 月至次年 2 月）平均气温为 15℃，热季（5～6 月）气温为 25℃。东部和西部低地气候炎热干燥，年平均气温分别为 30℃（东）和 28℃（西），最高气温达 40℃以上，年均降水量约 400 毫米。红海沿岸平原呈沙漠状态。2～3 月为全年最旱的月份，经常一两个月之内降水量为零。4～5 月为小雨季，6～9 月为大雨季，此期间降水量占全年降水量的 80% 以上；其余月份受副热带高压控制为旱季。高原地区降水以阵性降水为主，多发生在中午或傍晚，雨季一次降水量大多在 20毫米以下，极少数达 40 毫米，最大不超过 80 毫米。旱季也有少量降水，旱季一次降水量一般不超过 5 毫米，月降水量一般不超过 20 毫米。气象、水利专家孙竹平先生在阿斯马拉的旱季观测到一个明显的 30 天天气周期。厄立特里亚全境年日照时数大于 3 000 小时，年蒸发量为 1 800～2 000毫米。

二、人文与社会概况

厄立特里亚原属埃塞俄比亚领土，19 世纪末以前从未形成过统一的政治实体。1869 年，意大利殖民主义者入侵埃塞俄比亚。1889 年，埃塞俄比亚与意大利签订《乌西阿尔条约》，承认意大利对阿萨布、马萨瓦、克伦、阿斯马拉等占领区的统治。1890 年，意大利将占领区合并为统一的殖民地，命名为"厄立特里亚"。1941年，意军战败，厄立特里亚成为英国托管地。1950年12月，联合国通过决议，决定厄立特里亚作为一个自治体同埃塞俄比亚结成联邦，1952年，厄立特里亚组成地方政府，并正式与埃塞俄比亚结成联邦。1991年5月24日，厄立特里亚人阵同埃塞俄比亚人民革命民主阵线（埃革阵）等埃塞俄比亚反政府组织联合推翻埃塞俄比亚门格斯图政权，1993年5月24日，厄立特里亚正式宣告独立并举行开国庆典，厄立特里亚正式成立。在厄立特里亚，建国纪念日是从1991年5月24日开始算起的。

厄立特里亚是一个公有制国家，奉行社会主义文化。厄立特里亚宪法规定，国民议会是国家最高权力机构和立法机关；厄立特里亚人民民主和正义阵线（People's Front for Democracy & Justice—PFDJ，简称厄立特里亚人阵）是唯一合法执政党。总统由国民议会选举产生，任期5年，不设总理，总统直接领导内阁，总统拥有任命政府高官、成立或解散有关政府部门和机构等权力。政教分开，宗教平等。有九种民族语言，民族语言一律平等，不明确国家官方语言，国内各民族使用自己的语言，但全国主要用提格雷尼亚语，提格雷尼亚语和英语是官方主要语言。英语在外交和经济活动中被广泛使用，年轻一代从中学课程起全部用英语讲授，厄立特里亚年轻人一般懂得英语。

总统伊萨亚斯·阿费沃基（ISSIAS AFWERKI），1993年5月22日当选总统，国家元首、政府首脑，国民议会议长兼武装部队总司令，厄立特里亚人阵主席。

全国划分为六个省（zuba），56个县市。首都阿斯马拉（Asmara），人口52万（2009年），位于高原北端，是全国的政治、文化和交通中心。

厄立特里亚国民几乎都有宗教信仰，信仰东正教和伊斯兰教的约各占一半，少数人信奉天主教或传统拜物教。从地理分布上看，高原地区的居民大多信奉基督教，西部低地、北部高原和东部沿海平原一带的居民信奉伊斯兰教。

厄立特里亚为计划经济体制，厄立特里亚各政府机构相对比较守旧，政府部门办事手续烦琐，政府工作人员办事讲原则，一般很难通融。厄立特里亚政府较为清廉，同政府部门交往忌送贵重礼品。厄立特里亚人的时间观念不是很强，尤其是商人，随意性较大，在厄立特里亚有句常说的口头语"May be Tomorrow"，千万不要以为就指明天，很可能是很久以后的事情。

受传统社会主义思想影响，厄立特里亚政府往往将政治问题与经济问题画等号。厄立特里亚与它国之间的外交关系直接影响该国在厄立特里亚的公司、企业。许多在厄立特里亚的美国公司、韩国公司因为两国关系恶化而关门走人。

近两年，在厄立特里亚和苏丹、埃塞俄比亚边界三角地带，反政府武装制造了多起炸弹袭击公交车事件，造成多人死伤。中国在厄立特里亚矿产企业于2010

年前后曾多次遭到火箭弹、手榴弹和冲锋枪的袭击。在厄立特里亚的外国金矿公司每月平均遭遇 3～4 次武装袭击。2009 年 10 月在距首都西部 55 公里的重要城市克伦以北 60 公里附近，3 名澳大利亚地质工程师被全部枪杀。

由于处于准战时状态，厄立特里亚到处可见持枪的士兵。厄立特里亚法律森严，在厄立特里亚外出须办理通行证，如未办理通行证外出，就有牢狱之灾。首都治安情况较好，恶性刑事案件极少，偶有抢劫、偷窃现象，在阿斯马拉一个人可以在深夜单独外出而无遭劫之虞。人们耻于抢劫、盗窃，但不耻于要，大街小巷随处可见乞讨之人，儿童见到中国人喊的第一个词是"China"，之后紧接着就是"Money"。厄立特里亚受宗教信仰影响，法律禁止屠宰骆驼、驴、马和狗。

尽管西式服装在厄立特里亚已经非常普遍，仍有不少人穿着民族传统服装。当地人的服装比较保守，儿童裸体雕塑也被披上布条遮盖。握手是最常见的问候方式，当地男性之间见面拥抱并碰三下肩膀，男女之间见面吻颊，女性之间见面吻颊。当地餐以牛羊肉和面食为主，其中最有名的是"INJERA"。

三、经济发展状况

厄立特里亚经济不发达。除首都和马萨瓦外，其他城市每日仅供电 6～7 小时，农村普遍无电力。财政日常开支严重依赖外援和外汇。1998—2000 年的厄埃边界战争对厄立特里亚经济造成严重破坏。2003—2009 年，厄立特里亚经济处于持续下滑或停滞状态。其中，2005—2007 年，经济年均增长仅 1%。2003 年，人均 GDP 仅为 179 美元；2007 年人均 GDP 增长到 288 美元。

2006 年，厄立特里亚最终消费支出为 13.6 亿美元。其中，家庭消费开支为 8.9 亿美元，占 GDP 的 80.9%；政府消费开支为 4.7 亿美元。2006 年，厄立特里亚的国民储蓄总额为 0.96 亿美元，占 GDP 的 8.7%。2008 年 GDP 增长 1.2%。2008 年厄立特里亚的 GDP 构成是：投资、消费和净出口占其 GDP 的比率分别为 17.6%、47% 和 -38.2%。第一产业、第二产业和第三产业占其 GDP 的比重分别为 17.5%、23% 和 59.5%。

厄立特里亚属于阿拉伯—努比亚地质，蕴藏有铜、锌、金、银、铅、铁、锰、镍、重晶石、高岭土、石棉、长石、钾碱、岩盐、石膏、大理石等矿产资源。2003 年，加拿大 Nevsun 矿业公司发现碧沙矿，这是厄立特里亚十年来发现的最大的金和有色金属矿藏。该矿勘探储量为 2 000 万吨。2010 年 7 月，中国政府投资 6 千万美元入股该矿。

旅游业为主要创汇产业。厄立特里亚历史悠久，地貌复杂多样，自然景观丰富。2008 年厄立特里亚以其"独特地貌和原始珊瑚礁群"被英国旅游网站评为世界七个最佳旅游目的地之一。阿斯马拉、马萨瓦、阿萨布和达赫拉克群岛为有名的旅游点。厄立特里亚政府鼓励私营机构投资旅游业，但由于基础设施落后，旅游饭店等配套服务缺乏，旅游市场开发滞后。2007 年入境游客 8 万人次，创收6 000 万美元。

城镇大多数人月收入为 1 000 纳克法（以下），生活拮据。政府在城镇设平价商店，居民可凭证购买面包、油、红茶、白糖等生活必需品，价格不到市价的一半。富庶人家多有独立院落，一套别墅月租金约 700～1 000 美金。厄立特里亚食品以谷物为主，人均日摄入 1 750 卡路里，远低于联合国卫生组织颁布的人均日摄入 2 350 卡的标准。食品中缺乏维生素，尤其缺乏维生素 A、铁和碘。由于缺乏维生素而导致的疾病如脚气、糙皮病和缺素性失明等非常普遍（表 1、表2）。

表 1　2009 年厄立特里亚部分商品价格

名　称	价格（纳克法/公斤）	名称	价格（纳克法/公斤）	名称	价格（纳克法/公斤）
番　茄	15～20	植物油	400/5 升	咖　啡	200
马铃薯	30～40	咖啡/杯	6	黄　瓜	30
胡萝卜	10～15	茶/杯	6	西葫芦	15～20
南　瓜	12～20	可　乐	40～50	卷心菜	15～20
大白菜	8～15	矿泉水	25	西兰花	25
生　菜	10～12	西　瓜	35～60	洋　葱	12～15
菠　菜	10	橙　子	40～50	小辣椒	20
大辣椒	80	芒　果	15～18	大　米	30～70
茄　子	20	木　瓜	10		
大　蒜	100	果汁/杯	15～30		
鸡　蛋	5～6 纳克法/个	香　蕉	17		

注：价格随地区不同有浮动。

表 2　厄立特里亚农产品、畜产品（不包括活畜）进出口贸易额

年份	农畜产品进口额（万美元）	农畜产品出口额（万美元）
2005	48 247	1 084
2006	49 322	1 145
2007	51 000	1 500

第二部分　厄立特里亚农业发展概况

一、厄立特里亚农业在国民经济中的地位

厄立特里亚是农业国，80% 的人口从事农牧业；50% 人口从事农业，主要分布在高原和西部低地；25% 的人口亦农亦牧，主要分布在西部低地和中东部低地；以雨育农业为主。2006 年农业占国内生产总值的 17.5% 。农业是厄立特里亚经济的支柱产业。国际粮农组织估计厄立特里亚全国可耕地面积达 565.6 万公顷（但据专家组估计，有一定雨育条件或自然灌溉条件且土壤条件适宜农业耕种的土地面积应不足 100 万公顷），已耕种土地面积 540 381 公顷，灌溉面积约 2 万公顷。土壤贫瘠，有机质含量极低。西部低地农村户均土地面积约 2 公顷，高原地区农村户均土地面积约 0.5 公顷。

厄立特里亚全社会年需粮食约 60 万吨。2007 年，雨水充足，农业增产，粮食自给率破记录逾 70%，达 489 271吨。按 2007 年历史最高粮食生产记录计算，全国粮食缺口仍达 11 万吨。2006 年政府实施粮食安全战略，兴修水利，推广先进农业技术等，但粮食安全仍然是厄立特里亚面临的主要问题之一。

二、农业行政管理体系

（一）行政管理体系

1. 中央农业行政机构设置

中央所设有关农业的部门：
农业部，
水土与环境部，
能源与资源部，
渔业部。

2. 农业部行政机构设置

部长办公室

部长办公室（Minister office），法律服务部（Legal service），音像室（Au-

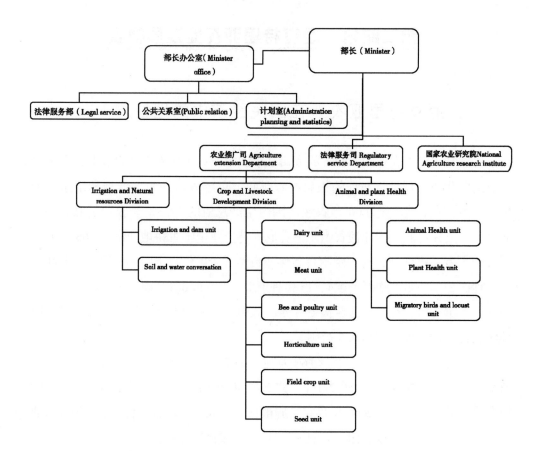

dit），公共关系室（Public relation），计划室（Administration Planning（policy））。

 农业发展规划司

水利处

技术服务处

技术推广办公室

A. 农作物生产部

B. 园艺部

种子办公室

技术咨询办公室

A. 肉食项目部

B. 牛奶部

C. 禽蛋与蜂蜜部

D. 自然资源开发部

农业管理服务中心

国家农业研究中心

（二）国家农业行政机构及农技推广体系设立情况

农业行政机构设立有四级：国家级、省级、市级、乡级。村级不设农业行政机构。农业行政机构担任农技推广工作，农技推广机构不单设。

（三）农业政策

1. 土地分配

农业政策情况：土地归国家所有，以村为单位人均分配土地，农民按分配承包，一般7年轮换一次承包地，承包地不允许种植树木。

有的地区如中央省，土地分配以家庭为单位，按类分配土地。按人口将家庭分为三类：

1 类：夫妻2口之家　平均约可分到1公顷土地；

2 类：3~4口之家　平均约可分到1.5公顷土地；

3 类：5口以上之家　平均约可分到2公顷土地。

2. 税　收

农民不交土地使用税、粮税等农业税，自种自售。可租用政府部门机械翻耕土地，秋后按收成结算租金。

3. 种　子

农民可自繁、自卖种子，也可以向政府部门租赁种子，秋后按租赁数量返还政府种子。

三、农业经营管理体制

厄立特里亚土地属于国家所有制，在耕地分配制度上占主导地位的是乡村集体所有权制度，由村集体按照每户平均（不论户人口数量或劳动力数量，一般每户1公顷以上）分配给农民，每7年重新分配一次。农户在分到的耕地上自主决定生产经营方式。农产品除了支付一般低于0.5%的税收给国家外，其余由农户自主支配，大部分农产品都是用于农民生活所需。全国几乎没有国营或军垦农场，也很少有国内外农业投资者在厄立特里亚投资经营农业产业。农户之间根据农业劳力状况可自主商定条件流转耕地。

四、农业基础设施与装备

全国总灌溉面积 23 700 公顷，占已耕地的 4.39%。全国共有 224 座水库，总库容 4 350万立方米，灌溉面积 16 000 公顷（其中四分之一用于牧草生产）；井灌面积 6 800公顷，单井灌溉面积为 0.5～6 公顷；333 个水塘，总库容 1 170万立方米（水塘库容一般小于 50 000立方米），一般用于人畜饮用水。河水漫灌面积 63 000公顷。通过对中央省的现场调查，无配套灌溉渠系是厄立特里亚中央省水库建设的基本情况。

农业部地处阿斯马拉城南，地势较低，专家组对农业部院内水井地下水位进行了跟踪测量，于 2009 年 9 月 13 日雨季刚结束时进行测量，地下水位 −70 厘米。2010 年 3 月 15 日专家组对该水井又一次进行了测量，地下水位 −246 厘米。下降了 176 厘米。

—水库分级标准
—小型水库（小于 250 000 立方米）；
—中型水库（250 000～500 000 立方米）；
—大型水库（500 000～750 000 立方米）；
—超大型水库（750 000 立方米以上）。

五、农业科技与教育

1. 农业科技发展

厄立特里亚 21% 的农田实现机械化耕种。一般于 4～5 月小雨季的雨后先用圆盘犁翻耕一遍，再用旋耕机碎土，之后撒播，最后灌水或任其自然生长。在有灌溉条件的田块扶垄、开沟等工序由人工完成，畦田一般长约 4～5 米，宽约 1.8 米，除了马铃薯、番茄实行沟灌，一般都是畦灌。

厄立特里亚以雨育农业为主，一般一年只生产一季粮食，农民从事田间劳动的时间约为 50 天，其中 35% 用于耕地，33% 用于中耕管理，32% 用于收获。

少数麦田每公顷使用 100 公斤磷酸二铵和 100 公斤尿素，基本不使用农药等化学物质，只有少数农田有粪肥还田等养地措施。牛粪被百姓当做薪柴烧掉。田间管理粗放，基本任其自然生长，农田中砾石遍布，中耕管理仅限于有灌溉条件的土地，一般只有灌溉一项管理措施。缺少基本农具，只有犁、锹、铁耙和短把小镢。农民用牛踩场脱粒。

2. 农业教育发展与政策

厄立特里亚农业教育相对滞后，全国仅有哈梅马罗农学院和设有农业专业的马拉非厄立特里亚技术学院，另外有一所中国援建的科林农学院正在建设中。

六、农产品生产与加工

1. 农产品生产

厄立特里亚农业落后，粮食不能自给。厄立特里亚主要粮食作物有玉米、大麦、高粱、小麦、豆类；经济作物有棕榈、芝麻、花生、亚麻、剑麻、棉花、蔬菜和水果。1998—2000年，农业受边界战争和干旱影响，耕种面积大幅缩减，粮食年产量约8.5万吨。2002—2003年遭遇旱灾，2003年全国粮产仅能满足国内需求的20%。2006年政府实施粮食安全战略，兴修水利，推广先进农业技术。2007年，雨水充足，农业增产，粮食自给率破记录逾70%，达489 271吨。厄立特里亚全国粮食贮存能力为62 000吨，其中中央省37 000吨，南方省13 500吨，安塞巴省8 000吨，加什巴省3 500吨。

厄立特里亚5%的人口从事畜牧业，主要分布在沿海地区。25%的人口亦农亦牧，主要分布在西部低地和中东部低地。厄立特里亚全国年产肉类2.8万吨，主要放牧绵羊、山羊、牛、驴和骆驼等。2003年牲畜存栏数：牛193万头，羊679万只，骆驼31万峰，马、骡、驴合计25万匹，家禽250万只。2008年，共有牛204.475万头，绵羊213.88万只，山羊517.62万只。厄立特里亚牛、羊肉基本可自给，有少量出口。

厄立特里亚平均年产牛奶2 733 800升，黄油17 290公斤，干酪36 830公斤。厄立特里亚平均年产鸡肉3 000吨，年人均消费22枚鸡蛋。

虽然牲畜数量较多，但养殖方式不科学，以散养为主，造成植被破坏，水土流失严重，缺乏可持续发展能力。

厄立特里亚拥有1 216公里的海岸线，355个岛屿，52 000平方公里的大陆架。海水清澈，没有工业污染，海水表层水温可达35℃以上。

沿海渔业资源待开发，长期可持续年捕捞量可达8万吨，2001年捕鱼12 900吨，创建国后最高纪录。2006年捕鱼1.1万吨。海参最大可持续年开发量1 000吨，2006年捕捞量约180吨，创汇300万美元。渔业生产基本限于浅水捕捞，大多生产鱼粉、冻鱼和鱼干出口。埃及是其主要的渔业合作伙伴。2006年新增了8艘渔船。

2004 年，厄立特里亚开始建立世界上最大的海水生物燃料和海产养殖综合农场，目前已形成总面积为 1 000 余公顷的世界上最大的综合海水养殖场，育有大量的海蓬子属植物（果实含油率高达 30% ~ 40%）和鱼虾等。根据马萨瓦 90 多年的降水气象资料判断，厄立特里亚境内没有强热带风暴影响。厄立特里亚拥有发展海水养殖业的巨大潜力。漫长的海岸沙滩可种植棕榈，有望开发成为棕榈种植基地。

果树主要集中在低海拔湿润区。2006 年厄立特里亚全国水果产量为：香蕉 6.6 万吨，橙子 2.7 万吨，木瓜 1.2 万吨，番石榴 1 460 吨，芒果 630 吨。从表 3 可以看出，厄立特里亚农业生产以雨育农业为主，粮食单产在雨水少的年份仅有 0.25 吨/公顷，在雨水多的年份也只有 0.7 ~ 0.9 吨/公顷。

表 3　1992—2007 年厄立特里亚耕种面积与粮食产量

年　份	1992	1993	1994	1995	1996	1997	1998	1999
耕种面积	327 200	395 600	362 960	349 440	371 364	393 403	500 162	472 428
产量（吨）	262 400	98 050	266 570	141 626	96 916	102 913	472 193	340 845
平均产量（吨/公顷）	0.80	0.25	0.73	0.41	0.26	0.26	0.94	0.72
年　份	2000	2001	2002	2003	2004	2005	2006	2007
耕种面积	358 550	386 696	393 267	468 093	452 095	522 450	539 969	540 381
产量（吨）	133 211	237 991	64 290	115 330	125 783	386 900	431 549	489 271
平均产量（吨/公顷）	0.56	0.62	0.16	0.25	0.28	0.74	0.80	0.91

资料来源：《Ministry of agriculture of Eritrea data》

厄立特里亚农民收入低，自种粮食往往仅够全家 6 ~ 7 个月的消费。约 60% 的男性农民于农闲时通过政府"干活挣钱"或"干活吃饭"项目靠出卖体力换取一些收入或食品，约 40% 的家庭通过出卖牲畜获得一些收入。约 17% 的家庭通过城里或国外的亲戚获得一些资助。约 10% 的家庭通过移居城里或其他地区来躲避饥荒（表 4，图 1）。

2. 农产品加工

独立战争升级之前，按照厄立特里亚农业部与 FAO（联合国粮农组织）1994 年的相关报告，厄立特里亚一直是农产品加工与渔业中心，占埃塞俄比亚工业总产值的 40%。然而，随着边境战争的升级，厄立特里亚总体经济发展，尤其是农业产业全面恶化，农产品加工业几乎停滞，目前全国只有地区级城镇和大一点的村庄有小型磨坊，有 3 ~ 5 家小型饼干制造厂。

表 4 2007 年厄立特里亚主要农作物及其产量

（单位：吨）

作物名称	南方省 Ha	南方省 Tons	中央省 Ha	中央省 Tons	加什巴省 Ha	加什巴省 Tons	安塞巴省 Ha	安塞巴省 Tons	北红海省 Ha	北红海省 Tons	南红海省 Ha	南红海省 Tons	总计 Ha	总计 Tons	平均单产 t/ha
谷类															
高粱	30 845	25 174	30	45	207 434	249 169	22 292	10 972	21 481	16 882	828	247	282 909	302 515	1.1
珍珠粟	10 301	10 106	191	382	33 293	24 126	23 557	16 254	4 538	2 254			61 388	42 635	0.7
玉米	23 003	15 998	95	76	2 186	1 291	1 157	346	2 613	1 561			16 448	13 686	0.8
指栗	25 236	20 376	12 291	15 978	6 368	4 441	400	104	1 348	675			29 866	20 619	0.7
大麦	16 827	11 834	7 736	7 736	1 958	941	3 607	1 519	1 163	814			44 440	39 489	0.9
小麦	24 333	15 606	125	100	235	111	505	207	20	8			26 466	20 702	0.8
苔麸	2 631	2 169	3 391	4 408	264	64							24 742	15 778	0.6
大、小麦混种田													6 022	6 577	1.1
小计	133 176	101 263	23 859	28 726	251 737	280 170	51 518	29 403	31 163	22 193	828	247	492 281	462 001	0.9
豆类															
田豆	1 895	681	71	64	57	14	31	20	5	2			2 059	781	0.4
鹰嘴豆	4 953	3 222	750	675	859	329	124	95					6 686	4 320	0.6
野豌豆	2 558	1 502	250	225	20	8	46	36					2 828	1 735	0.6
蚕豆	1 496	1 135	289	260	117	44	26	4	48	24			1 996	1 498	0.8
扁豆	500	6			2 346								2 872	10	
小扁豆	697	275	55	39	44	13							796	326	0.4
小计	12 099	6 821	1 415	1 263	3 443	407	227	155	53	26			17 237	8 671	0.5
油料作物															
亚麻	496	168	139	97	92	27	61	14					788	306	0.4
芝麻					24 033	10 897							24 033	10 897	0.5
nueg	73	5											73	5	0.1
葫芦巴	3	2	50	40									53	42	0.8
棉花									25	3			25	3	0.1
花生	1 000	480			275	261	4 200	5 586					5 475	6 327	1.2
小计	1 572	654	189	137	24 399	11 185	4 261	5 600	25	3			30 447	17 578	0.6
土豆	189	137					417	1 022	25	3			417	1 022	2.4
合计	146 847	108 737	25 463	30 125	279 580	291 762	56 423	36 179	31 241	22 221	828	247	540 381	489 271	0.9

资料来源：《Ministry of agriculture of Eritrea data》

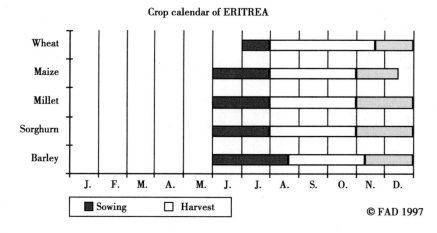

图1 主要农作物播种期与收获期

七、农产品消费、流通与贸易

1. 该国优势产品供需情况及下一步走势（表5）

表5 2009年部分商品价格

名称	价格 （纳克法/公斤）	名称	价格 （纳克法/公斤）	名称	价格 （纳克法/公斤）
番 茄	15～20	植物油	400/5升	咖 啡	200
马铃薯	30～40	咖啡/杯	6	黄 瓜	30
胡萝卜	10～15	茶/杯	6	西葫芦	15～20
南 瓜	12～20	可 乐	40～50	卷心菜	15～20
大白菜	8～15	矿泉水	25	洋 葱	12～15
生 菜	10～12	西 瓜	35～60	小辣椒	20
菠 菜	10	橙 子	40～50	大 米	30～70
大辣椒	80	芒 果	15～18	干海参	50美元/公斤
茄 子	20	木 瓜	10	鱼 肉	20～80
大 蒜	100	果汁（杯）	15～30	对 虾	70
鸡 蛋	5～6纳克法/个	香 蕉	17	皮 革	23纳克法/平方英尺

注：价格随地区和季节不同有浮动（资料来自专家组市场考察）。

　　海产品是厄立特里亚的优势产品，现在厄立特里亚百姓已逐渐接受海产品，厄立特里亚海产品具有巨大的生产、供应潜力。

2. 该国急需的产品

　　粮食是厄立特里亚目前最紧缺的商品，粮食安全是厄立特里亚政府长期以来渴望解决的首要问题。在粮食安全方面中方可以在农艺技术、种苗以及 PVC 灌溉用管道等方面同厄方进行合作。

3. 农产品流通与贸易

绝大部分农产品由小型的农户拥有的自给农田生产，生产率极低，产量和质量低下。农产品维持农民自家消费都很困难，几乎没有任何多余产品到市场上出售。此外厄立特里亚农产品贮藏设施特别缺乏，据估计，约有 25% 的农产品，主要是谷物，在生产准备和市场储存过程中损失了。

1993 年独立以后，农产品贸易得到较快发展，农产品贸易总额从 1993 年的 33 846 千美元上升到 2007 年的 80 992 千美元，增幅达 139.3%。然而，农产品贸易的增长主要表现为农产品进口总额的增长，与 1993 年相比，2007 年农产品出口总额略有下降，进口总额则有较大幅度增长，增幅达 161.25%。农产品贸易的波动性十分明显，1993—2007 年间，农产品贸易上升与下降的态势相互交替，几乎每次农产品贸易额上升之后都伴随着下降的趋势。农产品出口品种较少（共13 类）且出口品种较为集中，盐干绵羊皮和芝麻是出口额最大的两类农产品，两者出口总额平均能占到全部农产品出口额的 73.46%；此外，玉米、盐干皮（牛）、谷物和黄油也是较为重要的出口品种，这四类产品出口额平均占全部农产品出口额的 21.43%。小麦是进口额最大的农产品，其进口额平均占农产品进口总额的 36.97%，小麦粉的进口额紧随其后，其进口额平均能占农产品进口总额的 10.2%；此外，精炼油、高粱、小扁豆以及其他谷物也是比较重要的进口农产品，可见，进口农产品主要以粮食和食品为主。

八、农业资源开发与生态环境保护

1. 农业资源开发

土地资源

由于高原和低地地形起伏，耕地只占全国土地总量的 3.5%。高原中心地带几乎所有潜在耕地都已经被利用，农作物种植甚至已经扩展到陡峭的山坡上，导致了大量的水土流失。西部低地仍有大片适宜于发展灌溉农业的土地未开发。超过 56% 的土地被用于畜牧业。超过三分之一的土地过于干旱或退化严重，无法用于任何经济活动，见表 6。

表6　2001年厄立特里亚土地利用情况

土地利用	面积 （1 000公顷）	百分比
耕地	439	
雨水浇灌	417	3.5
灌溉	22	
牧场	7 000	56.3
木本植被地	737	
高原森林	53	
造林地	10	5.9
林地	674	
城市用地	13	0.1
荒地	4 243	34.1
合　计	12 432	100.0

资料来源：厄立特里亚农业部（2002b）

光热条件

由于厄立特里亚境内地势起伏大，不同地区气候状况差别较大。高原地区气候温和，年均气温为17℃。凉季（12月至次年2月）平均气温为15℃，最低气温在0℃左右；热季（5~6月）平均气温为25℃，最高气温30℃。

东部沿海低地、南部沿海低地和达克拉赫群岛地区，气候炎热干燥，6~9月气温在29~40℃，12月至次年2月的气温也在21~35℃。西部低地与东部沿海低地气候大致相同，最低气温15℃。

水利资源

厄立特里亚降雨量小且不稳定，地表水和地下水资源匮乏。2007年厄立特里亚人均年内部实际可再生水资源1 343立方米（包括河水流量及因境内降雨而增加的土壤蓄水层含水量），同年中人均内部实际可再生水资源2 130立方米。

降雨量　因其地理位置以及地理特征的原因，该国总体上降雨缺乏。有1/3的地区年均降雨量不到200毫米，有90%的地区年均降雨量不到600毫米（FAO，1994）。

降雨地区分布不均衡。在六个行政区中，仅有两个省（南部省和中部省）为干旱-亚湿润区，其他省均为半干旱或干旱区。降雨量从南向北逐渐减少，南部毗邻埃塞俄比亚的一些地区年均降雨量700毫米，而北部靠近苏丹的边境地带不到200毫米。

不同年份降雨量波动大（图2）。1913—2000年的年均降雨数据分析表明，降雨量在20世纪并未有大的减少（Mebrahtu et al.，2004）。而据报道在过去的10年中，降雨量则表现出明显的减少趋势（FAO，2005）。

降雨季节分布不均衡。主要有两个雨季：夏季和冬季。大部地区夏季降雨，从6月起至7月、8月达到降雨高峰。海岸平地冬季降雨，自11月至来年3月。

处于绿带（六个农业生态区之一）的东部坡地冬、夏两季都有降雨。

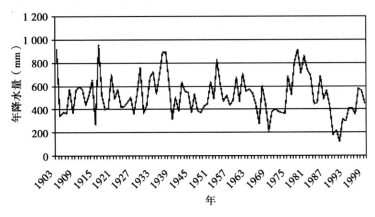

图2 阿斯马拉（中央高原）年降雨量

地表水 境内有11条河流，最大的河流是马雷布河。只有塞提特（Setit）是常年河流，其他都是季节河流，只有6月至9月的雨季才有河水。厄立特里亚有一些天然泉水，但没有天然湖泊。

厄立特里亚有5个主要流域，分别是马雷布-加什流域（Mereb-Gash Basin）、塞提特流域（Setit Basin）、安塞巴-巴尔卡流域（Anseba- Barka Basin）、红海流域以及达纳基乐（Danakil Basin），其中达纳基乐流域是闭合流域。

加什河（又称马雷布河）、塞提特河、巴尔卡河、安塞巴河均经西部低地流入苏丹东部平原。马雷布-加什流域是一个西向的狭长流域，覆盖了从中央高原南部到苏丹边界的地区。塞提特河位于厄立特里亚西南部与埃塞俄比亚交界的地区。安塞巴-巴尔卡流域发源于中部高原西北区域的斜坡，向北流，在接近厄立特里亚最西北端的苏丹边界处汇集。该流域年降雨量约148.15亿立方米，但每年的实际流量仅4 100万立方米。因为大部分水分蒸发了，还有很多则迅速渗透到河床的淤沙中（FAO，1994）。

地下水 对地下水蕴藏量，目前尚未进行系统的调查，有关评估主要基于航空摄影、卫星图像和地质图。地下水是生活用水的主要来源。为满足生活用水而开挖的水井和钻凿的机井遍布于整个国家，系统的测井工作尚未进行，水井水量只是估算而非测量所得。一些地区已经有地下水枯竭的情况出现。

土壤蓄水层地下水深度从不足10米到150米以上。由于地下水性质各异，它们有不同的发展潜力。水质从一般到良好，但靠近海岸的地方，盐度增高，质量下降。主要河道的冲积层提供着对灌溉极为重要的浅层地下水。目前，已经开始对这些浅层地下水进行发掘利用。

水资源利用现状 2004年用水总量58 200万立方米，其中农业用水55 000万立方米（94.51%），生活用水3 100万立方米（5.33%），工业用水100万立方米（0.17%）（表7和图3）。生活用水主要来源于地下水。生活污水和工业污水没有处理。

表7　厄立特里亚水资源指数

一级指标	二级指标	数据	单位	年度
可再生水资源	年降水量（深度）	384	毫米/年	2007
	年降水量（体积）	45.1	亿立方米/年	2007
	内部可再生水资源总量	2.80	亿立方米/年	2007
	实际可再生水资源总量	6.30	亿立方米/年	2007
	依赖度	55.6	%	2007
	人均年内部实际可再生水资源拥有量	1343	立方米/（人·年）	2007
年用水总量	水坝蓄水总量	0.094	亿立方米/年	1998
	年用水总量	0.582	亿立方米/年	2004
	农业年用水量	0.55	亿立方米/年	2004
	生活年用水量	0.031	亿立方米/年	2004
	工业年用水量	0.001	亿立方米/年	2004
	人均年用水量	124	立方米/（人·年）	2006
	淡水消耗量占实际可再生水资源消耗总量%	9.24	%	2007
非常规水源	废水年排放量	0.018	亿立方米/年	2000
	废水年处理量	0	亿立方米/年	2000
	废水处理重新利用	0	亿立方米/年	2000
	海水淡化量	0	亿立方米/年	2000

资料来源：联合国粮农组织数据库（FAOSTAT）

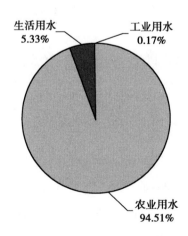

图3　2004年厄立特里亚水资源利用结构

资料来源：联合国粮农组织数据库（FAOSTAT）

2. 生态环境保护

厄立特里亚于 1993 年从埃塞俄比亚独立。30 年的独立战争与无节制砍伐使厄立特里亚的森林覆盖率从 50 年前的 30% 降低到 1996 年的不足 0.5%，厄立特里亚也由 50 年前的粮食输出地区转为粮食进口地区。从 1996 年开始，经过了十几年的植树造林和封山育林，厄立特里亚目前的森林覆盖率已上升到 15.8%。从 2006 开始，厄立特里亚实施"绿色战役"，2006—2008 年，共植树 1 770 万棵。由于受土地轮换制影响，厄立特里亚的农田中不允许种植树木，因此，厄立特里亚农田生态环境恶劣，土地干燥，风蚀严重。农作物病虫发生总概况：草害重于虫害，虫害重于病害。草害严重，病害相对较轻。

根据气候和地理和土壤特征，厄立特里亚农业部将全国划分为 6 个主要农业生态气候区，分别为：半潮湿高原区，湿润高原区，干燥高原区，湿润低原区，干燥低原区，半荒漠区（表 8）。

表 8　厄立特里亚 6 个主要农业生态气候区概况

气候区	海拔高度（米）	年平均降水（毫米）	年平均气温（℃）	年平均蒸发量（毫米）
潮湿高原区	1 600 ~ 3 018	500 ~ 700	15 ~ 21	1 600 ~ 1 800
干旱高原区	1 600 ~ 2 820	200 ~ 500	15 ~ 21	1 600 ~ 1 800
半湿润高原区	600 ~ 2 625	700 ~ 1 100	16 ~ 27	1 600 ~ 2 000
潮湿低原区	500 ~ 1 600	500 ~ 700	21 ~ 28	1 800 ~ 2 000
干旱低原区	400 ~ 1 600	200 ~ 500	21 ~ 29	1 800 ~ 2 000
半荒漠区	100 ~ 400	< 200	24 ~ 32	1 800 ~ 2 100

资料来源：《Ministry of agriculture of Eritrea data》

6 个主要农业生态气候区的具体情况见表 9 ~ 表 14。

表 9　湿润高原区

地理位置	中部和南部高原
面积（公顷）	897 920
地　形	高原丘陵与高山、峡谷
坡面斜度	2% ~ 30%
高度分布	1 600 ~ 2 600 米
年平均降水量	500 ~ 700 毫米
年平均气温	15 ~ 21℃
年平均蒸发量	1 500 ~ 1 800 毫米

地理位置	中部和南部高原
年平均适宜生长期	可靠日数 60 ~ 110 天；平均日数 90 ~ 120 天
自然植被	有少量残存的刺柏类（*Juniperus procera*）和橡树类（*Olea africana*）原始森林和灌木林
主要土壤类型	褐土（Cambisols），潮土（Fluvisols），石质土（Lithosols），粗骨土（Regosols），黏土（Vertisols）
主要农作物	小麦、大麦、苔麸、高粱、玉米、豆类
牲　畜	绵羊、山羊、牛
潜在农作物生产能力	大麦 1 000 ~ 2 000 公斤/公顷
农作区	10 个

资料来源：《Ministry of agriculture of Eritrea data》

表 10　干旱高原区

地理位置	北部高原区
面积（公顷）	310 100
地　形	高原丘陵，裂谷
坡面斜度	2% ~ 100%
高度分布	1 600 ~ 2 600 米
年平均降水量	200 ~ 500 毫米
年平均气温	15 ~ 21℃
年平均蒸发量	1 600 ~ 1 800 毫米
年平均适宜生长期	可靠日数 0 ~ 30 天；平均日数 30 ~ 60 天
自然植被	稀疏的灌木、林木
主要土壤类型	褐土（Cambisols），石质土（Lithosols），粗骨土（Regosols），石灰岩风化土（Xerosols）
主要农作物	高粱、大麦、珍珠粟
牲　畜	绵羊、山羊、牛、骆驼
潜在农作物生产能力	大麦 0 ~ 600 公斤/公顷
农作区	3 个

表 11　湿润低原区

地理位置	厄立特里亚西南地区和 Mereb 谷地上部地区
面积（公顷）	1 970 000 公顷
地　形	平原丘陵和西部高原坡地
坡面斜度	2% ~ 30%
高度分布	500 ~ 1 500 米
年平均降水量	500 ~ 800 毫米
年平均气温	25 ~ 30℃
年平均蒸发量	1 800 ~ 2 000 毫米
年平均适宜生长期	可靠日数 50 ~ 90 天；平均日数 60 ~ 120 天
自然植被	热带稀树草原，以阔叶林为主
主要土壤类型	褐土（Cambisols），冲积土（Fluvisols），石质土（Lithosols），粗骨土（Regosols），黏土（Vertisols）

地理位置	厄立特里亚西南地区和 Mereb 谷地上部地区
主要农作物	高粱、芝麻、棉花、指粟（finger millet）、珍珠粟、玉米
牲　畜	绵羊、山羊、牛、骆驼
潜在农作物生产能力	高粱 2 500~3 000 公斤/公顷
农作区	12 个

表 12　干旱低原区

地理位置	厄立特里亚北部地区，沿海地区，西北边界地区，东部低海拔山地
面积（公顷）	4 179 550
地　形	低海拔山地与平原丘陵
坡面斜度	0%~30%
高度分布	400~1 800 米
年平均降水量	200~500 毫米
年平均气温	25~30℃
年平均蒸发量	1 800~2 000 毫米
年平均适宜生长期	可靠日数 0~30 天
自然植被	分散林地和灌木林，沿河棕榈林
主要土壤类型	褐土（Cambisols），石质土（Lithosols），石灰岩风化土（Xerosols），潮土（Fluvisols）
主要农作物	高粱、珍珠粟
牲　畜	绵羊、山羊、牛、骆驼
潜在农作物生产能力	高粱 500~1 500 公斤/公顷
农作区	12 个

表 13　半潮湿高山区

地理位置	中央高原东部高山区
面积（公顷）	103 000
地　形	陡峭山地
坡面斜度	8%~100%
高度分布	600~2 600 米
年平均降水量	700~1 100 毫米
年平均气温	16~27℃
年平均蒸发量	1 600~2 000 毫米
年平均适宜生长期	可靠日数 60~210 天
自然植被	杂乱分布的刺柏类（Juniperus procera）和橡树类（Olea africana）原始森林和灌木林
主要土壤类型	褐土（Cambisols），石质土（Lithosols），潮土（Fluvisols）
主要农作物	玉米、高粱、咖啡、大麦
牲　畜	绵羊、山羊、牛、骆驼
潜在农作物生产能力	生产潜力较高，但受制于大坡度地形和薄土层
农作区	3 个

表 14　半荒漠区

地理位置	海岸，岛屿，Barka-Sawa 河西北流域
面积（公顷）	4 730 000
地　形	平原丘陵，岛屿，火山口
坡面斜度	0% ~30%
高度分布	−100 ~1 200（maximum 1 350）米
年平均降水量	<200 毫米
年平均气温	30 ~42℃
年平均蒸发量	1 800 ~2 100 毫米
年平均适宜生长期	可靠日数 0 平均日数 0
自然植被	灌木和草稀疏分布
主要土壤类型	石灰岩风化土（Xerosols），盐土（Solonchaks），褐土（Cambisols），潮土（Fluvisols），石质土（Lithosols），粗骨土（Regosols），红沙土（Arenosols）
主要农作物	河流漫灌下的高粱和玉米
牲　畜	绵羊、山羊、牛、骆驼
潜在农作物生产能力	农业和畜牧业生产潜力均很低
农作区	15 个

3. 保护措施

政府牵头，引导地方社区和群众参与，在作物种植区和山地坡面非耕地区，大量修建防冲刷基础设施。

鼓励农民实行条播、垄播、复种，大量套作豆类作物和饲草。

鼓励修建集雨设施，在中央省等高海拔地区大力实施水库和池塘建设，在东部低海拔地区和沿海地区推广沟灌、畦灌，逐渐取消大水漫灌。

第三部分 厄立特里亚农业发展的经验教训和对策建议

一、厄立特里亚农业发展的经验和教训

雨育农业是厄立特里亚农业生产的主要方式。由于管理粗放、农村劳动力不足和农业投入能力低等原因，拓荒是厄立特里亚建国以来增加粮食产量的主要手段，为了扩大粮食产量，厄立特里亚政府大力垦荒，同时颁布商业拓荒政策，鼓励商业性农业投资。粮食种植面积从 1992 年的 327 200 公顷拓展到 2007 年的 540 381 公顷，粮食产量也从 1992 年的 262 400 吨增加到 2007 年的 489 271 吨。拓荒计划使西南低地户均耕地达 2 公顷，高原地区户均耕地约 0.5～1 公顷（资料来自《Ministry of agriculture of Eritrea data》）。拓荒计划虽然为解决厄立特里亚目前的粮食安全问题发挥了一定作用，但是在水土保持方面也带来一些负面影响，许多荒坡被开发成农田，几乎没有任何水保措施，使本来就非常瘠薄的山地进一步荒漠化，长此以往必将导致严重的环境问题。

1998 年以来，厄立特里亚重视发展灌溉农业，兴建了一些水库，挖了一些灌溉用水井和水塘，但由于农业投入不足，大多数水库和水塘缺少配套灌溉渠系，基本用于人畜饮水，只有少数大中型水库可用于农业灌溉。以柴油抽水机为主的井灌系统是厄立特里亚中央省目前灌溉农业的主要形式。由于厄立特里亚全年日照充足，气温较高，粮食可常年生长，有灌溉条件的农田管理也相对精细一些，因此全年来说水浇田的单产较高且产量稳定。虽然厄立特里亚目前的灌溉面积仅占总面积的 4.39%，但灌溉农业已成为厄立特里亚目前农业生产的重要组成部分。

二、厄立特里亚农业发展存在的主要问题

中国援助厄立特里亚高级农业专家组通过对厄立特里亚中央省的较为详细、全面的考察，发现厄立特里亚中央省主要存在以下问题：

1. 林木覆盖率低，土壤贫瘠，宜耕土地面积较小，土壤侵蚀严重。尤其是受 7 年土地轮换制影响，农田中无防风林带，农田风蚀严重，农田小气候恶劣。

2. 无外来水源，降水量较小等自然因素制约着中央省灌溉农业的发展，灌溉潜力小，且已有水库灌溉系统潜力发挥不足 44%。

3. 农作物品种、结构有待改良，田间管理粗放，平均单产低。

4. 土地轮换频繁，农业投入能力不足，农村劳动力不足，技术素质较差。

5. 虽然牲畜数量较多，但养殖方式，以散养为主，使本已非常脆弱的生态环境雪上加霜。

6. 农村能源匮乏，农村薪柴以麦草和牛粪为主，兼用树枝，导致田间土壤有机质含量很低，土壤贫瘠。

三、对厄立特里亚农业发展的对策建议

由于中国援厄立特里亚高级农业专家组仅对厄立特里亚中央省进行了较为详细、全面的考察，根据专家组多方收集到的调研资料与实地考察情况，援厄立特里亚高级农业专家组对厄立特里亚中央省及厄立特里亚的农业发展给出如下建议：

1. 阿斯马拉周围地区作为林业重点发展区。该区森林覆盖率只有8%，生态环境脆弱。国家首都坐落于此，约50万人口居住于此。地势高，无外来水源，年平均降水量只有500毫米，年蒸发量达1 800毫米以上。考虑到城市发展、工业发展和生态环境的需要，专家组建议该地区不宜大规模发展灌溉农业，较适宜发展林业和畜牧业，可作为林业重点发展区。建议在提高粮食单产的基础上有步骤地封山育林，建设农田林带，普及圈养，推广轮牧制。建立野生动物自然保护区，植树造林，建设绿色水库，保水保土，为工农业生产和城市生活奠定基础。

2. 中央省东北地区降水条件较好，可发展经济林。棕榈作为世界第二大油料作物是厄立特里亚当地树种之一，极适合厄立特里亚的自然环境条件。其不但具有保持水土、改良土壤，生产油料，提供薪柴和改善环境的作用，其副产品棕榈油渣饼还是优良饲料。棕榈树作为以林补粮的重要树种，应作为主要经济林木之一在阿斯马拉潮湿高原区尤其是半湿润高原区和红海沿岸进行试种和大面积推广。在红海海岸沙滩可见到棕榈，长势良好。若能成功利用红海海岸荒滩种植油棕，可极大提高厄立特里亚油料生产量，同时可丰富牲畜饲料。

3. 农村居住区应建薪柴林。蓖麻具有耐干旱、耐贫瘠、生长快的特点，且有一定的经济价值，作为薪柴林可在厄立特里亚试种后推广。厄立特里亚全境日照充足，可首先推广太阳能技术。

4. 中央区水利建设应以发展井灌为主。该区耕地面积10万公顷，可灌溉面积2 000公顷土地主要集中在阿斯马拉南部约1 000公顷的平原土地和山谷、低凹地，以井灌为主。目前，该区水利建设应以发展井灌为主，辅以坡面小型集流系统。提倡管灌，提高水资源利用率。改造已有水库，发掘灌溉潜力，扩大灌溉面积。建坝时予埋水管，以便自流灌溉。推广节水灌溉技术。在山坡地，普及截流、集水、种植护坡林草带等水保、耕种方式。

5. 根据气象资料保守估计，阿斯马拉周围地区日照时数在 2 800 小时以上（估计约为 3 000～3 200 小时），适宜推广林田间植、林草间植等种植模式，提高土地利用率。根据跟踪调查，树木种植间隔达 6 米时，不但不影响作物生长反而有利于作物生长。故建议在农田或牧场推广林田间植、林草间植等种植模式，树木种植间隔应不小于 6 米。

6. 根据田间调查，阿斯马拉周围农田有少量小麦黑穗病和纹枯病。田间杂草较多，约占农作物数量的 20%，个别田块可达 50% 以上。田间虫害不严重，可能是由于鸟类较多，对害虫数量能够控制的缘故。总体上看，阿斯马拉周围地区适宜发展有机农业。

7. 目前，通过改良品种、调整作物种植结构、改革耕种方式、推广条播和精耕细作、普及堆肥、粪肥还田和增加化肥投入等技术和管理手段来提高粮食产量。可在全区试种大豆、花生等油料作物。在北部山区，可试种油菜。尤其是大豆，非常适合厄立特里亚的土壤、气候，应作为首选品种在厄立特里亚试验示范推广。

8. 充分发挥机耕优势，通过改良农机具，快速普及新型耕种方式。尤其是中国的手扶拖拉机及其配套使用技术非常适合厄立特里亚的国情，应在厄立特里亚推广。

9. 经过十几年的拓荒，目前厄立特里亚土地拓荒潜力已不大，全国大部分地区年降水量不足 400 毫米，全境年蒸发量在 1 800 毫米以上，且无外来水源，受自然因素影响，厄立特里亚的农业生产潜力较小。目前，厄立特里亚平均每对夫妻拥有 3～4 个子女，因此，实行计划生育，减轻人口压力政策应当纳入政府议事日程。

10. 延长土地轮换期，逐步建立长期稳定的土地政策。通过政府财政手段，调动农民生产积极性，鼓励农民长效投入。农田种养结合，高留茬，实行轮作（与豆科植物轮作）。

11. 加大政府投入。首先主要集中在技术、种苗和基础设施的投入。制定优惠政策，吸引商业和个人资本投入农业生产。

12. 加强技术交流，鼓励农技人员搞技术承包。同时加强对农民的技术培训。加大农业劳动力投入，实行屯田养兵，把发展经济作为政府工作的中心。

13. 制定长期、连续、稳定的区域发展、建设规划。制定具体、可行的实施方案。优先发展投入产出比高的项目，避免重复建设。建立优良种苗引进、试验、推广体系。

14. 发展家庭养殖、种植及加工业等副业。以贸促农，增加农民收入。

15. 利用厄立特里亚独特的海水养殖自然条件优势，大力发展海水养殖业。

16. 专家组认为：根据厄立特里亚的经济状况及其农业投入能力，厄立特里亚在短期之内很难实现由雨育农业向灌溉农业的转型，雨育农业的不稳定性使粮食安全问题成为厄立特里亚无法摆脱的难题。根据厄立特里亚的自然气候条件，厄立特里亚只有首先通过发展工业、旅游业或海水养殖业等其他产业发展国民经济，以获得足够的农业基础建设投入能力，同时，废除土地轮换制，建立长期稳定的土地政策，才能最终建立起有效的水保体系和水利灌溉体系，实现由雨育农业向灌溉农业的转型，届时厄立特里亚的粮食安全问题以及水保、环境等问题可望随之而解。

非洲农业国别调研报告集

第四部分　厄立特里亚与中国农业合作情况

一、中厄农业合作进展成效

从投资环境的吸引力角度看，厄立特里亚的竞争优势首先是地理位置优越。它扼非洲之角，与沙特阿拉伯和也门隔红海相望，有绵长的海岸线和深水港占据红海的战略贸易要道，从马萨瓦（Niasscawa）港和阿萨布（Assab）港可顺利抵达北非、东非、南非、中东和海湾国家，欧洲和亚洲。厄立特里亚风景如画的海岸线为渔业、旅游业和水上运动提供了巨大商机；而内陆地区在农业、采矿业、石油和天然气、建筑及旅游等领域也存在着大量投资机遇。厄立特里亚人民热情好客且富有凝聚力，政治稳定，劳动力积极进取且富有创新精神。厄立特里亚的投资、贸易和税收政策相对稳定，腐败现象极少发生。然而，与一些非洲国家相比，厄立特里亚的商业环境欠佳。根据世界银行集团 2008 年《全球商业环境报告》的评估，厄立特里亚在全球 178 个经济体的总体排名中商业环境排名 171位。各项指数显著靠后，属不适于投资的市场。

截至 1997 年，共有 854 家商业投资单位在厄立特里亚开发农田面积 21 224公顷，主要集中在西部湿润低地。

目前，中国在厄立特里亚农业项目有由我方投入的阿克里亚中厄园艺试验农场和新疆 1 000 公顷节水灌溉示范项目以及中国高级农业专家项目。

意大利在阿斯马拉建有一个约 5 公顷的花卉大棚，未发现其他国家在厄立特里亚的商业性农业投资项目。

厄立特里亚拥有 1 216 公里的海岸线、355 个岛屿和 52 000 平方公里的大陆架，海水清澈，没有工业污染，厄立特里亚在海水养殖方面拥有得天独厚的优势，中方可以提供相关技术，甚至在商业开发红海的海水养殖方面同厄立特里亚方进行合作。

二、中厄农业合作发展前景

近年来，中国向厄立特里亚派出了高级农业专家、农业青年志愿者，援助了农业灌溉设备、园艺农场和农村小学等，中厄农业合作不断发展。

（一）农业投资与项目承包

改革开放以来，中国主要农产品生产能力显著提高，成功地解决了 13 亿多人口的吃饭问题，农业已经具备"走出去"的条件。中国农业企业到厄立特里亚投资，开展互利合作，不仅有利于中国农业可持续发展和农民增收，也有助于促进厄立特里亚农业发展和粮食安全。

1. 农业投资项目

1997年12月，中国大连雁鸣集团与厄立特里亚渔业部签订渔业合作合同，开发红海渔业资源。中方持股40%，厄方持股60%。1999年5月因双方出现争议，合作结束。

目前，中国企业正在酝酿到厄立特里亚投资农业项目。2008年8月，中裕通达投资有限公司（私营）农业投资项目考察团访问厄立特里亚。考察团对厄立特里亚水资源、土壤和环境等进行调研，并形成在厄立特里亚投资，特别是开发棉田的意向。厄方将提供20万公顷备选土地用于棉花种植，但建议先试种1万公顷。

2. 农业项目承包

2008年6月，中国北方工业公司与厄立特里亚农业部签订了《厄立特里亚农业项目总承包合同》。2008年9月，北方国际合作股份有限公司与北方工业公司签订《厄立特里亚农业项目委托代理合同》，合同总金额为1.23亿欧元。合同内容主要包括为厄立特里亚农业部建造包括纸箱厂、食品罐厂、PVC/PE厂、屠宰厂、饲料厂和冷库在内的建筑设施及10台运输车辆、吊车等。

（二）农业援助

中国政府积极落实胡锦涛主席在"峰会"上提出的8项对非合作举措，推动中厄两国经贸、卫生和教育等领域合作不断深化。在农业方面，厄立特里亚政府部长和多位省长相继应邀来华学习农业发展经验。两国还在引进中方良种、灌溉技术及人员培训等方面达成多项合作意向。

1. 援助农业灌溉设备

根据2006年11月24日中国政府向厄立特里亚政府赠送一般物资的换文规定，中国政府向厄立特里亚政府提供总价值为3 750万元人民币的农业灌溉设备。2008年6月，在阿斯马拉举行中国援助厄立特里亚农灌设备交接仪式。目前全部货物已分批运抵马萨瓦港并移交厄方。

2. 建设中厄园艺试验农场

2002年11月，应厄立特里亚政府管理局的要求，中国农垦（集团）总公司派出蔬菜项目考察组，考察并着手筹备在首都阿斯马拉附近建设中厄园艺试验农场。该场以引进中国新技术、高产作物、蔬菜、水果和花卉等农作物为主要任务。

我国三位技术人员在厄立特里亚工作一年，于 2003 年 12 月底建成 1 200 平方米的塑料大棚温室一座，内设遮阳系统、雾化微灌系统、滴灌系统、供水系统和防虫网。建有 1 000 立方米蓄水池一座，开垦菜地约 2 公顷，配备 18 马力拖拉机、旋耕机、中耕机、电焊机、喷灌机、台钻各一台，另有各式农具和 20 公斤蔬菜种子。我国驻厄立特里亚使馆和中农公司投资共约 60 万元人民币。

这个小型园艺项目，受到厄方高度重视和赞扬，尤其是我国提供的塑料大棚，适合当地干旱、暴雨、低温条件下种植蔬菜。种植的甜椒、茄子、黄瓜、生菜等长势良好。厄立特里亚农业部官员、中部省省长、阿斯马拉市市长多次视察，中部省农业厅、农科所、部队等多次到农场参观，项目已成为一个观光农场。

2008 年 5 月，驻厄立特里亚使馆向厄方移交一座蔬菜塑料大棚，用于扩大中厄园艺试验农场生产规模。大棚占地 900 平方米，具有滴灌、防虫、调温功能，价值人民币 30 万元。

3. 派遣高级农业技术专家

2008 年 7 月，我国驻厄立特里亚大使舒展和厄立特里亚农业部长阿列法尼·伯赫在阿斯马拉就我国政府援厄立特里亚高级农业技术专家项目换文确认。

4. 派遣农业青年志愿者

2008 年 8 月，湖北省青年志愿者协会派遣首批 10 名青年志愿者赴厄立特里亚从事 1 年的志愿服务，其中 7 名是农业技术人员。在南方省的三人志愿服务小组在马铃薯种薯切块作种技术示范、我国蔬菜品种示范种植方面取得了突出成绩。马铃薯种薯切块作种技术简单实用，可操作性强，推广应用意义大，南方省正积极准备在省首府曼德法拉附近建设 2～5 亩（1 公顷 =15 亩，全书同）的马铃薯种薯切块作种技术示范样版，在全省推广应用。萝卜、大白菜、油麦菜、羽衣雪菜、上海青等蔬菜品种长势良好，其试验示范种植成功，对改善当地百姓生活、丰富蔬菜市场意义重大。

三、对中厄农业合作发展的建议

（一）对农业援厄工作的一些思考

1. 确立农业援厄工作的主攻方向

解决粮食安全问题是涉及政治、经济、发展基础、政策、体系、技术等方面的综合性大工程，中国的援助不可能从根本上解决厄立特里亚的农业发展和粮食安全问题，更多的是在发展方式、技术措施、相关物资等方面给与扶持和帮助，为受援国农业发展和解决粮食安全问题起到带动和帮助作用，因此，农业援厄工作应以技术援助为主。

2. 优先推广先进农业技术，提高农业生产率

厄立特里亚农业生产方式原始落后，生产效率低，若能改变其落后的农业生产方式，推广良种、化肥、农药、除草剂、喷灌、滴灌，并在适宜的地区引入现代农机具，实现农业生产的精耕细作，提高农业生产率，厄立特里亚粮食产量有很大的提升空间。此外，可考虑研究、试验、引进并推广优良农作物品种，增加适合当地土壤与气候条件的经济作物种植比例，也可能会收到很好的效果。

3. 以经济技术援助为主，以援助带动投资

虽然粮食自给率不足40%，但考虑到粮食援助的种种副作用，近年来厄立特里亚政府大幅度削减外来粮食援助，并公开宣传拒绝粮食援助。如2011年东非之角国家发生的旱灾与饥荒，厄立特里亚虽幸免于难，但其粮食缺口亦不小，中国曾主动提出向其提供粮食援助却被婉拒。厄立特里亚民族自尊心极强，授人以鱼不如授人以渔。在援非新八项举措项下我国已向厄立特里亚派遣农业专家技术组，并启动了援厄农业示范中心项目，今后可以此为基础，扩大与深化农业技术援助，并适时考虑以援助带动投资，如建立中厄联营农场等。

4. 可考虑农业投入合作与发展农商业

厄立特里亚农业技术力量薄弱，可在良种、农药、化肥、除草、灌溉、农机等技术优势领域为厄立特里亚提供帮助，同时在提供技术指导与帮助中寻求合作机会，实现双赢。此外，厄立特里亚农商业落后，绝大多数农户采取自给自足的生产模式，要实现农业的跨越式发展，发展农商业势在必行，可以考虑建立合营

农场、牧场、渔场及农产品加工厂，实现农商业领域的投资与合作。

（二）对农业援厄工作的几点建议

1. 超前思考，长远谋划，科学论证，抓紧完善农业援厄（非）规划，强化总体规划与专项规划的有机衔接，以规划引领农业援厄（非）工作良性开展。

2. 围绕农业基础设施、技术研发、实用技术推广等重点领域，精心包装一批带动作用强、辐射范围大、发展后劲足的援助项目，做好项目储备和前期工作。

3. 完善援厄（非）农业项目推进机制，做到精力向项目集中，力量向项目倾斜，要素向项目集聚，加强项目管理、情况通报、问题反映、综合协调等工作，尽力整合项目资源，综合实施，切实发挥农业援厄（非）项目的实施效应。

埃塞俄比亚
—— Ethiopia ——

中国驻埃塞俄比亚大使顾小杰先生（中）接见中国援埃塞高级农业专家

中国援埃塞俄比亚高级农业专家组

工作时间：2009 年 8 月至 2010 年 8 月

组　　长：乔爱民，广州仲恺农业工程学院教授

组　　员：赵荣华，山西省农业科学院植物保护研究所副研究员

埃塞俄比亚农业国务
部长 Abera 博士（右二）
接见中国援埃塞专家。左
二为埃塞农业部园艺发展
局局长 Haileselassie 先生

埃塞俄比亚园艺
发展局（EHDA）局长
Haileselassie 先 生（中）
接见专家组成员

专家组成员与埃塞同
行考察印度私营农场蔬菜
生产情况

专家组在田间商讨有机香蕉生产与出口方案，左一为荷兰专家

专家组成员亲自指导香蕉组培苗栽植技术

参加庆祝中埃建交四十周年植树造林活动，与中国驻埃塞大使顾小杰（左二）、经参处钱兆刚参赞（左三）、专家组组长乔爱民（左一）与专家组成员赵荣华合影

第一部分　埃塞俄比亚概况

一、自然地理概况

埃塞俄比亚全名"埃塞俄比亚联邦民主共和国"（The Federal Democratic Republic of Ethiopia），位于红海西南的东非高原上，东与吉布提、索马里接壤，西与苏丹交界，南邻肯尼亚，北接厄立特里亚。领土面积110.36万平方公里，首都亚的斯亚贝巴。

境内以山地高原为主，大部属埃塞俄比亚高原，中西部是高原的主体，占全境的2/3，东非大裂谷纵贯全境，平均海拔近3 000米，素有"非洲屋脊"之称。高原四周地势逐渐下降。北部的达罗尔洼地降到海平面以下113米，为全国最低点。红海沿岸为狭长的带状平原。北部、南部、东北部的沙漠和半沙漠地区约占全国面积的25%。全境3 000米以上的山峰有57座，4 000米以上的山峰有25座，其中西门山脉的达善峰海拔4 550米，为全国最高峰。境内多河流湖泊，全国30多条较大河流均发源于中部高原。全国200公里以上长度的河流有9条，其中总长度最长的是阿巴伊（Abay）河，全长1 450公里（境内长度为800公里），境内流域最长的为阿瓦西（Awash）河，全长为1 200公里。阿巴伊河（即青尼罗河）、特克泽河、巴罗河等均属尼罗河水系，谢贝利河和朱巴河属印度洋水系。境内主要湖泊有12个，面积最大的是塔纳湖，为3 600平方公里；其次为阿巴亚湖，面积为1 160平方公里。主要湖泊集中在海拔高度1 200~2 000米，只有两个湖泊的海拔高度高于2 000米（分别为2 030米和2 409米）。

埃赛俄比亚地处热带，但因地势高，大部地区气候温和，年平均气温10~27℃。一般3~5月气温最高，11月至次年1月气温较低。大部分地区10月至次年2月为旱季。年均降水量高原区为1 000~1 500毫米，低地和谷地为250~500毫米。主要城市的海拔高度都在1 000米以上，其中海拔在2 000米以上的城市有3个，它们分别是德布雷·马科斯（2 509米）、首都亚的斯亚贝巴（2 408米）、戈雷（2 002米）。主要城市的年平均降雨量大都在1 000毫米以上，只有德雷·达瓦（676.3毫米）、德布雷·泽特（843毫米）少于1 000毫米。年均降雨量最大的城市是戈雷，达2 079.27毫米，其次分别为吉马（1 533.6毫米）、德布雷·马科斯（1 358.3毫米）、亚的斯亚贝巴（1 188.27毫米）。主要城市地理位置及气象资料见表1。

表1　主要城市地理位置及历史气象统计资料

主要城市	纬度（北纬）	经度（东经）	海拔高度（米）	平均降雨量（毫米）	统计年数	降雨量（毫米）	
						最高年份	最低年份
亚的斯亚贝巴	09°02′	38°44′	2 408	1 188.27	58	1 548.3（1996）	902.2（1953）
巴哈尔·达	11°36′	37°25′	1 802	1 129.7	42	2 036.7（1973）	844.6（1973）
科姆波尔恰	11°94′	39°45′	1 903	1 063.7	50	1 319.3（1998）	561.3（1984）
德布雷·马科斯	10°22′	37°43′	2 509	1 358.3	49	1935.4（1958）	1 053.0（1978）
德布雷·泽特	08°44′	38°58′	1 850	843	49	1 268.7（1966）	136.4（1996）
德雷·达瓦	09°45′	41°52′	1 160	676.3	51	1 257.7（1996）	357.3（1984）
戈雷	08°10′	35°25′	2 002	2 079.27	50	3 448.6（1969）	1 512.3（2002）
吉马	07°39′	36°50′	1 740	1 533.6	48	2 077.6（1963）	1 130.1（1979）

＊统计时间截至2002年

非洲农业国别调研报告集

埃塞俄比亚属于内陆高原国家，高原地区气候较为温和，但低地气候炎热。根据海拔高度、气候条件和雨水状况，全国大体可分为3个农业生产区，即高原谷物生产区、低地谷物生产区和高原常绿区。高原谷物生产区和高原常绿区面积占国土面积的36.3%，养活的人口和牲畜分别占全国总量的88%和70%。低地占国土面积的63.7%，但此区域由于地势平坦、河流较多、水量较充足，适宜发展灌溉农业。

全国还可进一步划分为32种农业生态类型。

A1：炎热、干旱低地平原

A2：温暖、干旱低地平原

A3：温热、干旱中等高地

H2：温暖、湿润低地

H3：温热、湿润中等高地

H4：冷凉、湿润中等高地

H5：寒冷、湿润亚非洲高原至非洲高原

H6：极度寒冷、湿润亚非洲高原

M1：炎热、潮湿低地

M2：温暖、潮湿低地

M3：温热、潮湿中等高地

M4：冷凉、潮湿中等高地

M5：寒冷、潮湿亚非洲高原、非洲高原

M6：极度寒冷、潮湿亚非洲高原、非洲高原

PH1：炎热、湿润低地

PH2：温暖、湿润低地

PH3：温热、湿润中等高地

SA1：炎热、半干旱低地

SA2：温暖、半干旱低地

SA3：温热、半干旱中等高地

SH1：炎热、亚湿润低地

SH2：温暖、亚湿润低地

SH3：温热、亚湿润中等高地

SH4：冷凉、亚湿润中等高地

Sh5：寒冷、亚湿润亚非洲高原、非洲高原

SH6：极度寒冷、亚湿润亚非洲高原、非洲高原

SM1：炎热、亚潮湿低地

SM2：温暖、亚潮湿低地

SM3：温热、亚潮湿中等高地

SM4：冷凉、亚潮湿中等高地

SM5：寒冷、亚潮湿中等高地

SM6：极度寒冷、亚潮湿中等高地

埃塞俄比亚国土面积 110.36 万平方公里，其中 65% 为可耕地。目前用于放牧的土地占 51%；已开垦的土地约为 1 640 万公顷，约占全部可耕地的 14.8%；森林占 30.4%；无法使用的土地占 3.8%。在已开垦的土地中，粮食作物种植面积 1 100 万公顷，经济作物种植面积 540 万公顷。埃塞俄比亚大部分是由各种抬升岩构成，因而其土质也比较复杂。高原地区土壤多为红色肥质土，而西北部、欧加登和东非大裂谷地区的土壤则多为黑色土壤。东非大裂谷北部地区的土质多为黄色沙土，哈拉尔以南地区的土壤则主要为栗色黄土，这两种土壤土质较好，如果能够得到适当灌溉，适于发展农业。哈拉尔以东则多为红色土壤。

降水量虽然各个月份分布不均，但可用于灌溉的水资源还是相当丰富。全国可利用的地表水总量约为 1 100 亿立方米。全国有 9 大河系，河流总长达 7 000 公里，平均总流量达 1 020 亿立方米。此外，境内还有众多的湖泊，总面积达 7 400

平方公里。全国适宜灌溉的土地面积约为 350 万公顷，目前实际开发面积仅为 16 万公顷，不到 5%。

二、人文与社会概况

埃塞俄比亚具有 3 000 年的文明史。公元前 8 世纪建立努比亚王国。公元前后建立阿克苏姆王国，10 世纪末被扎格王朝取代。13 世纪，阿比西尼亚王国兴起，19 世纪初分裂成若干公国。1889 年，绍阿国王孟尼利克二世称帝，统一全国，建都亚的斯亚贝巴，奠定现代埃塞俄比亚疆域。1890 年，意大利入侵，强迫埃接受其"保护"。1896 年，孟尼利克二世在阿杜瓦大败意军，意被迫承认埃独立。1928 年海尔·塞拉西登基，1930 年 11 月 2 日加冕称帝。1936 年，意大利再次入侵，占领埃全境，塞拉西流亡英国。1941 年，盟军击败意大利，5 月 5 日塞拉西归国复位。1974 年 9 月 12 日，一批少壮军官政变推翻塞拉西政权，废黜帝制，成立临时军事行政委员会。1977 年 2 月，门格斯图·海尔·马里亚姆中校发动政变上台，自任国家元首。1979 年成立以军人为主的"埃塞俄比亚劳动人民党组织委员会"，推行一党制。1987 年 9 月，门阁斯图宣布结束军事统治，成立埃塞俄比亚人民民主共和国。1988 年 3 月，埃爆发内战。1991 年 5 月 28 日，埃塞俄比亚人民革命民主阵线（埃革阵）推翻门格斯图政权，7 月成立过渡政府，埃革阵主席梅莱斯·泽纳维（Meles Zenawi）任总统。1994 年 12 月制宪会议通过新宪法。1995 年 5 月举行首次多党选举。8 月 22 日，埃塞俄比亚联邦民主共和国成立，梅莱斯以人民代表院多数党主席身份就任总理。在 2000、2005、2010 年三次大选中，埃革阵均获胜，梅莱斯任总理至今。

埃塞俄比亚是非洲的人口大国，1994 和 2007 年人口普查的全国人口总数分别为：53 477 265 和 73 918 505（表 2）。2010 年人口总数为 79 455 634，其中男性 40 083 810，女性 39 371 824，全国平均人口密度为 101.3 人/平方公里。

全国划分为 9 个区和 2 个市（表 2），它们分别是：亚的斯亚贝巴市（首都）、德雷·达瓦市、奥罗米亚州、阿姆哈拉州、南方州、索马里州、提格雷州、阿法尔州、宾香古尔州、甘贝拉州、哈勒尔州。其中人口最多的州是奥罗米亚州（占全国人口总数的 36.7%），其次是阿姆哈拉州（占全国人口总数的 23.3%），两州合计占全国人口总数的 60%。首都亚的斯亚贝巴市人口只占全国的 3.7%。

表 2　埃塞俄比亚按行政区划及人口分布比例（1994、2007 年人口普查年）

行政区划 （州、市）	1994		2007	
	人　数	百分比（%）	人　数	百分比（%）
奥罗米亚	18 732 525	35.0	27 158 471	36.7
阿姆哈拉	13 834 297	25.9	17 214 056	23.3
南方州	10 377 028	19.4	15 042 531	20.4
索马里	3 198 514	6.0	4 439 147	6.0
提格雷	3 136 267	5.9	4 314 456	5.8
亚的斯亚贝巴	2 112 737	4.0	2 738 248	3.7
阿法尔	1 060 573	2.0	1 411 092	1.9
宾香古尔	460 459	0.9	670 847	0.9
德雷·达瓦	251 864	0.5	342 827	0.5
甘贝拉	181 862	0.3	306 916	0.4
哈勒尔	131 139	0.2	183 344	0.2
特别统计	0	0.0	96 570	0.1
全国总计	53 477 265	100.0	73 918 505	100.0

　　全国有 80 多个民族，人口达百万以上的民族有 10 个（2007 年人口普查数据）（表3），它们分别是：奥罗莫族（25 488 344）、阿姆哈拉族（19 867 817）、索马里族（4 581 793）、提格雷族（4 483 776）、锡达莫族（2 966 377）、古拉吉（1 867 350）、韦莱塔（1 707 074）、哈迪亚（1 284 366）、阿法尔（1 276 372）和嘉莫（1 107 163）。居民中 43.5% 信奉埃塞正教，33.9% 信奉伊斯兰教（穆斯林），18.6% 信奉新教，少数人信奉天主教和原始宗教等（表4）。

表 3　主要民族（人口百万以上）人口所占比例（1994、2007 年人口普查年）

	民　族	1994		2007	
		人　数	百分比（%）	人　数	百分比（%）
1	奥罗莫	17 080 318	32.1	25 488 344	34.5
2	阿姆哈拉	16 007 933	30.1	19 867 817	26.9
3	索马里	3 160 540	5.9	4 581 793	6.2
4	提格雷	3 284 568	6.2	4 483 776	6.1
5	锡达莫	1 842 314	3.5	2 966 377	4.0
6	古拉吉	2 290 274	4.3	1 867 350	2.5
7	韦莱塔	1 269 216	2.4	1 707 074	2.3
8	哈迪亚	927 933	1.7	1 284 366	1.7
9	阿法尔	979 367	1.8	1 276 372	1.7
10	嘉莫	719 847	1.4	1 107 163	1.5

表 4　宗教信仰及城乡人口分布比例（2007 年）

宗教信仰	城镇 + 农村		城镇		农村	
	人　数	百分比（%）	人　数	百分比（%）	人　数	百分比（%）
总人数	73 918 505	100	11 956 170	100	61 962 335	100
正教	32 138 126	43.5	7 070 932	59.1	25 067 194	40.5
新教	13 746 787	18.6	1 614 145	13.5	12 132 642	19.6
天主教	536 827	0.7	66 468	0.6	470 359	0.8
穆斯林/伊斯兰教	25 045 550	33.9	3 098 275	25.9	21 947 275	35.4
原始宗教	1 957 944	2.6	39 252	0.3	1 918 692	3.1
其他	471 861	0.6	67 098	0.6	404 763	0.7

阿姆哈拉语为联邦工作语言，通用英语，主要民族语言有奥罗莫语、提格雷语等。

三、经济发展状况

埃塞俄比亚是世界最不发达国家之一。经济以农牧业为主，工业基础薄弱。自 20 世纪 70 年代初起，埃塞俄比亚的农业劳动生产率一直呈下降趋势，粮食不能自给。门格斯图执政时期因内乱不断、政策失当及天灾频繁，经济几近崩溃。埃革阵执政后，实行以经济建设为中心、以农业和基础设施建设为先导的发展战略，向市场经济过渡，经济恢复较快，1992—1997 年经济年均增长 7%。1995 年起实施《和平、民主与发展五年规划》，加快结构调整改革，颁布并修订投资法，以吸引国内外私人投资，扩大就业，减轻贫困，消减赤字，力争国民经济持续发展。1998 年埃厄边界冲突爆发后，埃塞俄比亚将大量发展资金用于战争，加之西方冻结援助，外国投资锐减，又遇严重旱灾，粮食大幅减产，经济发展受挫。2001 年，以埃厄和平进程取得进展为契机，埃塞俄比亚政府将工作重心转向经济建设。2002 年，政府实施《可持续发展和减贫计划》，先后采取修改投资和移民政策，降低出口税和银行利率、加强能力建设、推广职业技术培训等措施，获国际金融机构肯定。2005 年以来，政府继续加大农业投入，努力提高农业生产力，大力发展新兴产业、出口创汇型产业、旅游业和航空业，吸引外资参与埃塞俄比亚能源和矿产资源开发。

第二部分 埃塞俄比亚农业发展概况

一、埃塞俄比亚农业在国民经济中的地位

农业是埃塞俄比亚国民经济的支柱，但是农业产值占全国总 GDP 的比重一直呈下降趋势，由 1998/1999 年度的 51.2% 下降到 2009 年的 43.2%。第三产业服务业产值占总 GDP 的比例则不断上升，由 1998/1999 年度的 37.2% 上升到 2009 年的 45.1%，超过农业成为埃塞俄比亚的第一大产业。而工业产值占总 GDP 的比例则几乎没有变化，1998/1999 年度为 12.4%，2009 年为 13%。

农牧产品占出口总值 95% 以上，咖啡、皮张、花卉、蔬菜、油料、豆类为主要出口货物。进口以机器、车辆、化工产品、原油、纺织品为大宗商品。

埃塞俄比亚是非洲农作物种类最多的国家之一，是世界咖啡原产地，产量居非洲第二位。粮食主产苔麸，其次有大麦、小麦、高粱和玉米。此外还有豆类、努格（油菊）、油菜、棉花、芝麻和亚麻等，特产恰特和葛须。

埃塞俄比亚也是非洲牲畜数量最多的国家。除牛、羊、马、驴、骡、骆驼外，还饲养高山珍兽灵猫。

食品加工和纺织为主要工业部门，还有制革、制鞋、化工、木材加工、水泥、炼油、钢铁、农机具修配工厂。少量开采金、铂、锰和盐，还有石油、天然气、铜、石棉等矿藏。水力和地热资源丰富，目前正在积极开发。

1. 种植业

埃塞俄比亚的作物主要有谷物、豆类和油料种子。粮食作物主要有玉米、苔麸、大麦、小麦、高粱及豆类。咖啡、棉花、烟叶、糖、茶叶、香料、鲜花、水果和蔬菜是埃塞俄比亚主要的经济作物。埃塞俄比亚不同作物年产量情况见表 5。

表 5 埃塞俄比亚农业生产统计（2004 年）

排序	作物种类	产量（吨）
1	根茎类	3 480 000
2	玉米	2 682 940
3	甘蔗	2 176 570
4	谷类	1 727 200

排序	作物种类	产量（吨）
5	全脂牛奶	1 295 000
6	小麦	1 235 270
7	高粱	1 188 080
8	大麦	803 904
9	蔬菜	420 000
10	宽豆（干燥）	389 343
11	马铃薯	385 000
12	稷	320 090
13	甘薯	300 000
14	本地牛肉	294 070
15	洋芋	270 000
16	咖啡	229 980
17	木瓜	197 300
18	鹰嘴豆	164 627
19	芒果	153 000
20	豆类（干燥）	147 210

资料来源：FAO 网站

1991 年以前的 20 年间，农业生产一直停滞不前。全国主要粮食产量年均增长率仅为 0.6%，而同期人口平均每年增长 2.9%，人均粮食产量实际每年下降 2.3%。新政府上台后，改变了前政府的农业政策，放开了农产品价格，允许农民自由出售农产品，加上全国基本实现了和平，因而扭转了农业生产每况愈下的趋势。1995 年粮食总产量获得丰收，其中谷物（苔麸、小麦、大麦、玉米和高粱）产量达 870 万吨；1996 年创历史新高，达 1 000 万吨，当年全国总体上实现了粮食自给自足，并有少量玉米出口。但此后由于气候干旱，又连年出现粮食缺口。2000 年全国粮食缺口约 80 万吨，有 800 万人面临断粮威胁。2004 年，全国有 720 万人需要粮食救济。埃塞俄比亚政府取消农产品销售垄断和放松价格控制，加强农业技术推广和化肥使用，粮食产量从 1994 年的 650 万吨上升到 2001 年的 1 100 万吨。实际耕地面积中粮田占四分之三；可浇地达 350 万公顷，实际水浇地仅 16 万公顷。

2. 畜牧业

埃塞俄比亚拥有丰富的动物资源，其数量排非洲第一，世界第十。畜牧业以小规模农牧混合的家庭放牧为主，仅在首都及附近地区有少量规模较大的奶牛饲养场。在高原地区主要为与种植业结合的混合农业，在东部低地有部分居民以游牧为主。小规模农牧混合式饲养的牛占全国牛存栏数量的 78%，其余为游牧地区饲养的牛。总体上讲，畜牧业管理水平低下，极易受干旱和瘟疫的影响，发展速度较慢。活畜和肉类产品出口量小，但近几年略有增加，特别是对中东和海湾地区的活畜出口增加较快，但创汇仍不到出口总收入的 1%。此外，由于管理不善，草场滥用和过度放牧现象较为严重，草场沙漠化现象日益严重。联合国在埃塞俄比亚设有非洲畜牧中心，主要从事优良畜牧品种、非洲牧场和牲畜饲料等方面的研究。该中心已向埃塞俄比亚牧民推广了不少优良牲畜品种和饲料品种。

二、农业行政管理体系

1. 农业行政机构

埃塞俄比亚的农业行政管理体系较为完整，农业和农村发展部（MoARD, Ministry of Agricultural and Rural Development）分为 24 个职能部、委、局、办，25 个部属机构，现分列如下：

24 个职能部门：

1. 部长办公室
2. 农业改革部
3. 法律事务局
4. 内部审计局
5. 特需支持局
6. 规划与计划局
7. 公共关系处
8. 妇女事务局
9. 财务、采购、物业管理总局
10. 信息技术中心
11. 人力资源开发局
12. 农业发展局
13. 农业交流处
14. 自然资源处
15. 风险防范与食品保险局
16. 动物，植物卫生管制局

25 个部属机构：

1. 农业科学研究所
2. 园艺发展局
3. 野生动物保护局
4. 植物保护站
5. 水产渔业局
6. 商品交易局
7. 农业合作局
8. 农业机械局
9. 林业局
10. 畜牧局
11. 肉类和奶产品技术研究所
12. 人工动物生产站
13. 国家土壤肥料研究中心
14. 国家动物卫生研究中心
15. 国家萃萃蝇控防中心
16. Alage 农业技术学校

17. 农业推广局	17. Agerfa 农业技术学校
18. 农业投资支持局	18. Ardayita 农业技术学校
19. 农业交流局	19. Bokoji 农业技术学校
20. 国土资源开发局	20. Holeta 农业研究中心（Bee keeping）
21. 紧急预警反应局	21. Baco 农业研究中心（Maize）
22. 农村事物管理局	22. Jimma 农业研究中心（Coffe）
23. 粮食安全局	23. Debir zeit 农业研究中心（Teff）
24. 咖啡信息交换与控制分局	24. Meja 农业研究中心（Weed control）
	25. Sinana 农业研究中心（Wheat）

农业和农村发展部组织架构如下图：

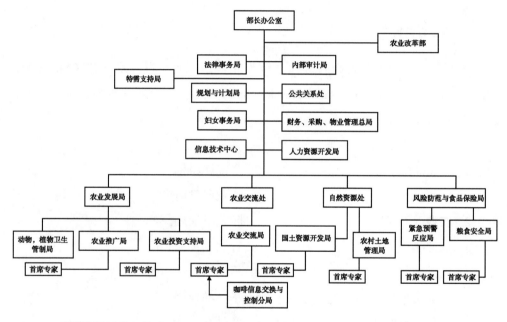

2. 农村发展政策与策略

埃塞俄比亚是个纯农业国，历届政府都对农村和农业发展给予高度关切与重视，农业和农村的发展与否关系到国家能否长期健康、稳定持续的发展。2003年4月，联邦政府根据埃塞俄比亚整体社会发展的现状，颁布了新的农村发展政策与策略。该农村发展政策与策略是以农业、农村发展为中心，确保经济持久快速的增长，其核心包括以下4个主要方面：

（1）以农村与农业发展为中心，确保经济快速增长。

（2）以农村与农业发展为中心，增加人民的利益。

（3）以农村与农业发展为中心，逐步消除国家对粮食援助的依赖。

（4）以农村与农业发展为中心，促进市场经济发展。

以农村与农业为中心的发展策略可促使经济快速持久地发展，确保大多数人的最大利益，最大限度地逐步降低对外国粮食援助的依赖，并促进埃塞俄比亚的市场经济的发展。

此发展政策与策略分为农村农业发展为中心，确保经济快速增长；埃塞俄比亚的农村与农业发展政策与策略；切实加强对农村发展的管理等三大部分。

分别从农业发展的基本方向，劳动密集型发展策略，合理利用耕地，新旧技术共同发展。不同农业生态区的发展，综合发展路线，提高农业劳动者的素质，确保积极的劳动态度，改进农业技术，确保农民健康，推广适用技术，合理利用土地，土地所有权，土地利用政策，水资源的利用，制定适合各地区的发展方案，多样化与重点培植相结合，易旱区的发展，旱灾救助，移民方案，保护自然资源及开发动物资源，合理利用水资源，水土保持，降雨资源丰富地区的发展，牧区的发展方法与计划，适耕地大片闲置地区的发展，致力于市场导向的农业发展，市场化促进农业快速可持续发展，生产市场需求的农产品，建立农业市场体系，农村财务的改善，银行与农村财政体系，农村银行，合作社，促进私营成分参与农业发展，吸引外商投资农业，农业知识培训与私人投资，投资者与农民的联系，农村基础设施的发展，教育与公共医疗卫生服务的发展，农村道路与交通的发展，改善饮用水，其他农村基础设施的发展，加强农村的非农业发展，农村对非农业发展的需求，利用农村发展所带来的发展机遇加强城乡联系；民主与农村发展，民众参与的必要性，公共论坛的合理利用，加强与合理利用发展机构，区分政府机构的职能，政府机构在牧区的作用等诸多相关领域和环节进行了政策制定与贯彻执行详细的阐述。

农村发展政策与策略确实清晰地辨析了埃塞俄比亚农业和农村的问题与现状，指明了埃塞俄比亚今后一段时期振兴经济与发展的方向，是埃塞俄比亚经济实现快速和可持续发展与壮大的纲领性政策与策略。

三、农业经营管理体制

埃塞俄比亚的农业经营管理体制为国有、民营和私营个体组成，控分结合。国家部分掌控着咖啡、油籽、茶叶、畜产品（牛羊肉）、牲畜皮张、花卉等产品的对外经营，其余相关产品与经营活动多为民营、个体。由于长期赤字、负债累累，政府无力操控全部市场的外贸经营，因此，鼓励民营和私营个体从事外贸创汇出口。政府对市场经济认识不足，基础薄弱，市场、农业经营管理及网络建设滞后、缓慢，抗风险能力差，程度不同地阻碍和制约了健康有序的市场经营活动。

埃塞俄比亚是一个完全以农业为主导产业的国家，2009年国内生产总值为323亿美元，人均生产总值390.272美元，增长率为9.949%，为世界GDP排名的第84位（世界货币基金组织（IMF）2009年世界经济报告）；农业占国内生产总值（GDP）为46.3%，占出口总额的83.9%，80%的人口从事农业活动（2006/2007财年）。

埃塞俄比亚与苏丹、厄立特里亚、肯尼亚、索马里及吉布提接壤。由于海拔高度的差异，全国范围的气候和降水分布差异很大，不同程度地影响着农业生产发展。农业收入占到整个国民经济收入的85%左右，农业的基础性地位显著。农用耕地主要由山区高地、大裂谷分开的平原以及一些低地组成。20世纪80年代末期，政府估计全国领土的15%是耕地，51%是草原，4%是森林，其余的是荒地和湖泊。

近几年来农业生产持续增长，从2004/2005财政年度至2009/2010财政年度，其净增长幅度在0.17%～6.03%，呈现出持续增长的良好态势。2009/2010财年，农业产量175 000 000 quintals，增长幅度达18%。农业产值约占GDP总额的46.3%，收入约148.6亿美元，其生产规模以小规模的家庭农户自给自足型生产为主。

其农业生产构成的强势产品有咖啡、油籽、畜产品（牛羊肉）、牲畜皮张、花卉和恰特草；苔麸、豆类、玉米、高粱、小麦、大麦、谷子、稻米、棉花、甘蔗、茶叶、薯类、水果、蔬菜等农产品生产，尚不能满足本国市场消费，相当数量的粮食需靠进口和外援。农产品加工能力及附加值低下。

四、农业基础设施与装备

埃塞俄比亚是一个纯农业国，农业占据基础性地位，相关产业和农产品出口是换取外汇的主要途径，基础建设决定着农业能否健康和可持续发展。

埃塞俄比亚整体经济发展不均衡，基础薄弱，农村基础设施建设——包括农村和农业及乡村道路、学校、灌溉、电力、灌排等基础设施建设等，仍然很落后，多种农业生产资料匮乏，品种改良缓慢、退化严重，生产手段及农机具落后。剩余产品转换为商品的速度慢，商品率低，农民的生活资料来源主要依赖于剩余农产品商品化，市场基础设施建设不完善成为主要的制约因素。

道路是实现高效的相关农业生产和产品、加工与销售的基本硬件条件。埃塞俄比亚道路整体条件差，主要城市之间的干线公路也未能实现全部高质量通车，或因质量或服役时间过长，年久失修，斑驳坑洼，时续时断，后续修复和新建能力不足，抑或直接影响到农业生产全过程。中国路桥公司投巨资捐建了首都亚的斯亚贝巴的城市高架立交桥和主要街区道路，还有其他国家也出资捐建了一些外延公路。县乡与乡镇之间基本上是沙砾或土路，遇雨天或洪水皆无法通行，严重影响和制约着农业生产和商贸流通，农产品的生产过程错过最佳播种抑或收获期，致使产量不稳，质量下降，物流时间延长，费用增加。

埃塞俄比亚有"东非水塔"之称，湖泊众多，水利资源充沛，湖泊面积约7 400平方公里，河流长度约7 000公里，由于国力财政羸弱，农田水利化建设落后，水利电灌和输、排水管网建设严重不足。有些国际社会援建的一些灌溉和排水管网项目，也因管理或使用不当，相当部分失修瘫痪，未能稳定充分的发挥其应有作用。可常年耕作的有利气候资源不能充分利用，无法达到旱可浇、涝可排，丰歉保收的条件，靠天吃饭、一年一收，白白浪费掉了可贵的光热资源。绝大部分农田旱季无墒无法播种，雨季遭涝庄稼受损，缺水和涝渍时有发生，大批灾民尚需粮食紧急援助，这也是社会秩序难于安稳的主要原因之一。

在农资生产与销售网络建设方面，种子、化肥、农药供给问题突出。本国几乎没有化肥和农药生产能力，大部需要进口，而有限的外汇主要用在发展国家的其他产业方面，农业方面则多用在咖啡和花卉强势产业，只有私营的大农场主们有能力享受这些产品。用于其他农作物生产发展上甚少。良种率低、源动力不足，加之连年长时间的掠夺性耕作，致使土壤贫瘠，生产力逐年下降，产量下滑，农民的微薄的收入难以维持。

农业的根本出路在于机械化。机械化是实现商品化、标准化、集约化、低耗能、高产出、高效率的必由之路。

广大非洲国家仍不同程度地处在较为原始的刀耕火种阶段，生产方式落后，埃塞俄比亚也不例外。在大型外资和私企的花卉和蔬菜产业中，可实现程度不同的机械化，外企的机械化程度和水平更高。而广大农户的农业生产全过程，极少有机械化的踪迹，相当部分仍处于砍刀、锄头、人拉犁的原始低级水平，能有耕牛犁地已算是接近"现代水平"了，甚至还有不耕地直接用木棍插孔播种的现象，人力、简单工具的耕地、播种、收获全过程，劳动生产率极低，与初级农业和现代农业的差距相差甚远。相信随着埃塞俄比亚社会和经济的不断发展，也将会逐渐步入农业机械化之路。

农业技术服务与推广和示范是实现农业生产不断向高产、优质和可持续发展的强有力的技术支撑条件和展现平台。

以国家农科院和州农科所为研究依托，具体指导州、县级农业技术推广和示范。由于经费少，研究、推广、示范和服务陷于困境，尤其下级机构如同虚设，窗闭门锁，整日不见人。纵有辛勤工作、忠于职守的却拿不到相应的工资与报酬。而技术推广和示范补贴有限，只能在几个村、几户中进行，又难以起到示范引领作用，严重制约了成熟技术尽快转化为生产力的迈进脚步，各级研究、推广、服务人员困惑不已。近年来，农业科研院所人员极不稳定，研究与示范、推广人才流失严重，多被外企、私有农场或其他企业高薪聘走，使国有研究机构蒙受巨大的人才损失。而再度培养与招聘科技人才又不是一日之光阴可求，成为短期内难以解决的问题。

农田林网建设缺乏科学管理与规划，除首都等城市外，公路两侧很少有绿化遮阳树木，散落无序，占据农田任其自然生存和繁衍，受宗教影响，认为凡树木生长之处，都是上帝的安排（涉及宗教不好多加评论，望斟酌取舍）。林木私砍乱伐严重，或盖屋舍，或取薪做柴。

综上所述，埃塞俄比亚的强国富民愿景的实现，只有强化农业基础设施建设，才是推动农村经济发展、促进农业和农村发展的必由之路。

五、农业科技与教育

1. 农业科技服务

各州、县都设有农业技术服务机构，但多是单项简单技术（如土壤深耕、适时早播、肥水管理、病虫害防治等）的示范与推广，缺乏将相应实用技术培训组装配套、综合、全程指导应用。农民占总人口的77%，教育水平低，农民中多半是文盲，对农业技术的推广和接受与理解能力相当差。就该国当前的社会经济发展水平下，政府应该充分认识到农村集市对农民实现商品交换的重要性，加快改善农村集市基础设施的建设速度（表6、表7、表8）。

表6　主季节私有土地使用良种、灌溉、农药和化肥的种植面积及百分比（2006/2007）

（单位：公顷）

作物种类	所有作物	使用良种		灌溉		使用农药		使用肥料	
	面积	面积	%	面积	%	面积	%	面积	%
谷物类	8 463 080	335 369	3.96	71 084	0.84	1 671 288	19.75	4 330 790	51.17
苔 麸	2 404 674	13 172	0.55	9 044	0.38	731 899	30.44	1 425 135	59.27
大 麦	1 019 314	3 225	0.32	5 032	0.49	165 233	16.21	437 929	42.96
小 麦	1 473 917	47 953	3.25	5 604	0.38	632 887	42.94	1 051 269	71.32
玉 米	1 688 680	267 981	15.87	41 060	2.43	41 853	2.48	960 880	56.90

作物种类	所有作物	使用良种		灌溉		使用农药		使用肥料	
	面积	面积	%	面积	%	面积	%	面积	%
高 粱	1 461 429	2 541	0.17	9 241	0.63	55 287	3.78	261 339	17.88
粟	374 072	464	0.12	1 047	0.28	36 546	9.77	182 471	48.78
燕 麦	32 798	—		*		7 508	22.89	11 415	34.80
水 稻	*	*	0.36	*	0.47	*		352	
豆类	1 378 939	5 025	0.14	6 496	0.26	28 198	2.04	274 915	19.94
蚕 豆	459 202	633	0.12	1 191	0.22	3 298	0.72	127 906	27.85
豌 豆	221 715	271	0.51	495	0.46	7 372	3.32	52 084	23.49
扁 豆	223 251	1 135		1 029	1.15	*		58 140	26.04
鹰嘴豆	200 066	*		2 304		2 422	1.21	10 299	5.15
小扁豆	97 110	*		*		5 379	5.54	14 473	14.90
野豌豆	124 954	*		*	2.28	1 156	0.93	5 203	4.16
大 豆	6 352	*	0.55	*		*		1 767	27.82
葫芦巴	20 762	*		473	0.13	*		3 703	17.84
"吉布托"	25 526	—		*	0.10	*	0.93	1 340	5.25
油料种子	740 847	4 056		939	0.11	6 884	0.13	76 210	10.29
"努格"	274 720	*		271	0.05	344	3.32	15 436	5.62
亚麻籽	174 108	*	0.59	191		5 779		15 194	8.73
花 生	37 050	*		19	0.12	*	0.15	8 191	22.11
向日葵	13 019	*	6.35	*	0.53	*	0.42	3 279	25.19
芝 麻	211 312	*		257	7.69	311		11 150	5.28
油菜籽	30 637	*	0.12	163	4.59	130		22 960	74.94
蔬菜	95 194	559		7 321	20.24	*	0.57	66 349	69.70
生 菜	414	*	8.77	19	0.95	—		371	89.61
结球甘蓝	2 080	132		421		*	1.85	1 376	66.15
埃塞俄比亚甘蓝	23 436	*	1.12	223	15.32	133		18 028	76.92
番 茄	*	196		*	3.03	*	8.86	*	
青 椒	6 875	8		1 053	30.7	*		3 722	54.14
红 椒	56 889	*		1 724		1 053	21.01	38 163	67.08
瑞士甜菜	114	10	0.13	35	5.03	*	16.24	83	72.81
其 他			0.12		11.55				
根类作物	188 917	2 114		9 501	15.52	16 738	0.16	118 229	62.58
根甜菜	1 663	*	0.10	192	22.78	*	0.49	1 222	73.48
胡萝卜	947	*		147	3.18	*	0.89	697	73.60
洋 葱	21 392	*		4 874	9.16	4 494	1.26	13 795	64.49
马铃薯	73 095	*		2 326	0.06	11 870		56 482	77.27
大 蒜	9 266	12		849	2.06	*	0.13	6 104	65.88
芋 头	29 337	35		19	6.83	46		13 788	47.00
甘 薯	53 217	*		1 094	3.95	259		26 140	49.12
其他一年生作物	97 677	102		6 674	5.25	866		32 814	33.59
多年生作物	823 121			32 531	24.50	10 342	0.11	371 867	45.18
鳄 梨	4 709		7.95	247	17.53	*		2 772	58.87

作物种类	所有作物 面积	使用良种 面积	%	灌溉 面积	%	使用农药 面积	%	使用肥料 面积	%
香　蕉	30 246			7 409	24.05	38	4.2	10 103	33.4
番石榴	1 363			239	20.71	*		537	39.4
柠　檬	682			164	19.15	*	0.43	248	36.36
芒　果	6 655			1 378	23.77	*		1 734	26.06
橙　子	2 600			498		*	0.27	1 106	42.54
木　瓜	2 735			650	5.32	3		1 202	43.95
菠　萝	*	11 742		*	2.57	–	0.35	*	
					8.4				46.57
刺激性作物	147 766			7 861		6 200		68 821	21.61
恰特草、咖啡	292 930			7 514	0.49	*		63 295	43.85
啤酒花	23 771			1 996	16.38	102		10 423	
其他多年生作物					2.82				72.64
芭　蕉	278 761			1 365		756		202 495	33.9
甘　蔗	17 379			2 847		*		5 892	24.67
其　他	12 845			362		45		3 169	

表7　主季节私有土地使用良种、灌溉、农药和化肥的种植面积及百分比（2007/2008）

（单位：公顷）

作物种类	所有作物 面积	使用良种 面积	%	灌溉 面积	%	使用农药 面积	%	使用肥料 面积	%
谷物类	8 730 001	412 629	4.73	97 886	1.12	1 811 716	20.75	4 486 814	51.40
苔　麸	2 565 155	17 599	0.69	18 414	0.72	781 288	30.46	1 530 978	59.68
大　麦	984 943	6 083	0.62	12 156	1.23	204 134	20.73	475 551	48.28
小　麦	1 424 719	41 597	2.92	7 681	0.54	621 140	43.6	984 632	69.11
玉　米	1 767 389	344 460	19.49	39 674	2.24	50 610	2.86	995 386	56.32
高　粱	1 533 537	2 098	0.14	18 195	1.19	83 170	5.42	290 202	18.92
粟	399 268	743	0.19	1 120	0.28	58 337	14.61	197 509	49.47
燕　麦	30 556	—		*		8 942	29.26	12 042	39.41
水　稻	24 434	*	0.42	*	0.64	*		513	2.10
豆类	1 517 662	6 309	0.21	9 685	0.54	38 681	2.55	304 396	20.06
蚕　豆	520 520	1 079	0.41	2 795	0.41	6 262	1.20	148 476	28.52
豌　豆	211 798	878	1.13	864	0.50	10 809	5.10	56 576	26.71
扁　豆	231 443	2 621	0.40	1 163	1.36	5 948	2.57	53 195	22.98
鹰嘴豆	226 785	918		3 088	0.27	8 023	3.54	13 229	5.83
小扁豆	107 428	*		285	0.53	6 052	5.63	13 305	12.39
野豌豆	147 172	*		775		1 332	0.91	9 045	6.15
大　豆	7 807	*		*	1.87	*		985	12.62
葫芦巴	38 310	*	0.32	716		86	0.22	8 214	21.44
"吉布托"	26 399	*		*	0.24	*		1 371	5.19

作物种类	所有作物	使用良种		灌溉		使用农药		使用肥料	
	面积	面积	%	面积	%	面积	%	面积	%
油料种子	707 059	2 273		1 683	0.13	10 972	1.55	86 577	12.24
"努格"	285 237	*		364	0.42	1 252	0.44	15 529	5.44
亚麻籽	152 129	*		635		8 123	5.34	13 539	8.90
花　生	40 198	—	0.42	*		100	0.25	*	
向日葵	8 999	—		*	0.25	*		2 547	28.30
芝　麻	185 912	*		*	5.57	697	0.37	11 472	6.17
油菜籽	34 584	*		88		*		27 545	79.65
蔬菜	119 091	501		6 630	13.47	3 999	3.36	77 118	64.76
生　菜	*	*	0.25	*	1.45	*		*	
结球甘蓝	1 989	*	5.77	268		*		1 391	69.93
埃塞俄比亚甘蓝	28 471	*	1.22	413	14.35	228	0.80	20 924	73.49
番　茄	4 800	*		*	2.68	*		*	
青　椒	7 952	*		1 141	25.96	*		4 000	50.30
红　椒	75 341	185	0.19	2 021	7.14	1 456	1.93	48 185	63.96
瑞士甜菜	208	12		54		*		98	47.12
其　他	184 329	2 251	0.12	13 170	28.2	7 138	3.87	104 349	56.61
根类作物	1 840	*		*	6.06	*		1 091	59.29
根甜菜	*	*		343	9.81	31		*	
胡萝卜	18 013	*		5 080	0.22	*	7.55	11 804	65.53
洋　葱	50 488	95		3 060	5.41	3 810	1.53	37 031	73.35
马铃薯	9 317	*		914	2.45	143		6 234	66.91
大　蒜	38 286	*		84	4.69	*	0.68	17 864	46.66
芋　头	62 358	75		3 376	1.61	422	1.63	28 392	45.53
甘　薯	84 977	*		2 085	11.00	1 381	1.03	32 268	37.97
其他一年生作物	1 039 313		1.43	48 696	21.88	10 656	0.42	465 654	44.80
多年生作物	6 473			104	24.67	27	0.26	3 564	55.06
鳄　梨	39 426			4 337	12.26	102		13 349	33.86
香　蕉	1 792			392	15.16	*	0.07	555	30.97
番石榴	823			203	23.11	*		311	37.79
柠　檬	6 731			825		5		1 769	26.28
芒　果	3 397			515	11.60	*		1 276	37.56
橙　子	4 003			925	2.69	*	3.86	2 012	50.26
木　瓜	87	5 828		—	12.29	—	0.38	*	
菠　萝					1.21				48.55
刺激作物	163 227			18 937	0.64	6 306		79 244	21.70
恰特草、咖啡	407 147			10 939	24.05	1 561	0.42	88 338	45.63
啤酒花	25 214			3 099	6.36	304		11 506	
其他多年生作物					2.49				72.82
芭　蕉	343 069			2 208		1 458		249 810	39.66
甘　蔗	21 482			5 167		*		8 520	32.71
其　他	16 442			1 045		410		5 378	

表8 主季节私有土地使用良种、灌溉、农药和化肥的种植面积及百分比（2008/2009）

（单位：公顷）

作物种类	所有作物	使用良种		灌溉		使用农药		使用肥料	
	面积	面积	%	面积	%	面积	%	面积	%
谷物类	8 770 118	430 937	4.91	96 860	1.10	1 793 047	20.44	1 431 414	16.32
苔麸	2 481 333	16 610	0.67	12 868	0.52	736 063	29.66	503 327	20.28
大麦	977 757	6 042	0.62	8 480	0.87	194 557	19.90	205 987	21.07
小麦	1 453 817	56 030	3.85	6 765	0.47	597 313	41.09	385 538	26.52
玉米	1 768 122	349 217	19.75	49 272	2.79	61 519	3.48	182 582	10.33
高粱	1 615 297	1 480	0.09	17 852	1.11	141 039	8.73	19 101	1.18
粟	408 099	*		1 245	0.31	49 085	12.03	128 527	31.49
燕麦	30 605	*		*		8 413	27.49	5 446	17.79
水稻	35 088	*	0.94	*	0.42	*		*	
豆类	1 585 236	14 918	0.14	6 680	0.28	42 679	2.69	103 996	6.56
蚕豆	538 820	765	0.19	1 516	0.11	6 057	1.12	40 693	7.55
豌豆	230 749	444	3.18	259	0.78	5 246	2.27	25 632	11.11
扁豆	267 069	8 482	0.86	2 074	0.89	6 322	2.37	32 967	12.34
鹰嘴豆	233 440	2 017	2.75	2 086	0.19	5 544	2.37	950	0.41
小扁豆	94 946	2 608		180	0.21	*		1 709	1.80
野豌豆	159 731	*	4.65	334		*		*	
大豆	6 236	290		*	0.65	*		*	2.05
葫芦巴	33 774	*	0.27	218		*		691	0.98
"吉布托"	20 469	–		*	0.22	*	3.24	201	3.02
油料种子	855 147	2 328		1 870		27 744	0.40	25 841	1.39
"努格"	313 445	*		*		1 253	13.17	4 352	5.03
亚麻籽	180 873	*		*		23 828		9 097	
花生	41 761	*	1.17	*	0.16	*	0.49	*	
向日葵	7 853	*		*		*		*	28.91
芝麻	277 992	*	10.50	453	5.43	1 367	4.21	*	9.83
油菜籽	33 223	*		*		*		9 606	
蔬菜	162 125	1 899		8 800	18.53	6 821		15 937	1.66
生菜	*	*		*		*		*	
结球甘蓝	3 400	357	7.00	630	52.51	*	1.65	*	2.42
埃塞俄比亚甘蓝	33 901	*	0.55	*	12.97	*	4.29	563	13.19
番茄	5 342	*	7.79	2 805	3.11	*		*	
青椒	8 581	*		1 113	13.99	142	4.1	208	11.07
红椒	110 406	*	1.19	3 431	7.86	4 734	1.37	14 558	

作物种类	所有作物	使用良种		灌溉		使用农药		使用肥料	
	面积	面积	%	面积	%	面积	%	面积	%
瑞士甜菜	243	17		34		*		*	
其 他	145 742	799		11 449	24.42	5 978	14.31	16 129	26.92
根类作物	2 119	165		*	5.36	29	7	*	1.66
根甜菜	*	77		397	11.85	*	1	*	0.39
胡萝卜	15 628	186		3 816		2 237		*	0.94
洋 葱	48 113	*		2 578	7.98	3 369	0.22	12 952	1.16
马铃薯	14 137	*		1 675	2.14	141		235	
大 蒜	30 251	*		*	4.11	*	0.81	118	
芋 头	33 070	*		2 639	1.42	72		310	
甘 薯	69 103	*		1 477	15.32	*		801	
其他一年生作物	906 518			37 233	26.59	7 334			
多年生作物	5 067		3.35	72	39.39	*			
鳄 梨	29 064			4 453	13.44	*	0.49		
香 蕉	1 320			351	16.84	*			
番石榴	754			297	33.01	*			
柠 檬	6 051			813		*	3.3		
芒 果	2 440			411	9.89	12	0.45		
橙 子	3 254			1 074	1.97	*	0.31		
木 瓜	40	13 120		*	10.99	–			
菠 萝							0.27		
刺激性作物	138 145			13 665	0.53	4 552			
恰特草、咖啡	391 296			7 694	23.88	1 742			
啤酒花	24 409			2 682	4.86	76			
其他多年生作物									
芭 蕉	278 668			1 490		748			
甘 蔗	15 602			3 725		*			
其 他	10 409			506		*			

2. 农业教育

由于历史原因，埃塞俄比亚农民受教育水平低、文盲多、素质差，农民掌握先进农业技术的水平低，接受能力差，该国的农业研究与农业生产水平也相对落后、农科教体系不健全，鉴于此，农业技术与生产水平低下，发展缓慢，与之对应的农业职业教育事业起步较晚，近年来在中国等国家的影响和帮助下，已建立了 25 所三年制职业技术学院。

中国—埃塞俄比亚农业职业技术教育培训合作项目于 2001 年正式启动，由两国政府农业部具体负责项目实施，成功联办 12 年，已累计向埃塞俄比亚派出 11 批次，318 余人次教师，该项目旨在借鉴中国农业职教模式，引进中国农业生产技术，学习中国农业发展经验，以提高其办学水平，培育农业技术实用型人才。项目的实施对提高埃塞俄比亚农业技术水平、促进其农业和农村经济发展起到了积极的作用。中国农业教师不仅传授了中国农业实用技术，还促进了邦交关系的发展，增进了两国人民的友谊。

中国农业职业教师先后在 25 所职业技术学院的 13 所学院任教，涉及 56 门课程。中国教师组主持制订了五大专业 90 门课程的《技能评估体系》，明确了技能培训的目标，为规范培训内容和标准、确保培训质量起到了重要作用，埃塞俄比亚农业部已正式下发全国执行。

通过中—埃农业技术职业教育合作平台，中国实用的农业生产技术传授给埃塞俄比亚农民，对埃塞俄比亚农业的发展起到了巨大的推动作用，使得埃塞俄比亚农业经济连续 3 年以高于 10% 的速度增长。在 2010 年 7 月，两国农业部再次签署备忘录，合作的期限延长 5 年。

此外，还有印度和邻国肯尼亚的教师也投入到了该项目中。

六、农产品生产与加工

1. 农业生产特点

埃塞俄比亚是一个落后的农业国家，发展农业生产，解决人民的基本粮食供应问题，是长期以来并且在未来相当长的时期内仍将是政府面临的严峻挑战。埃塞俄比亚农业之所以得不到应有的发展，根本原因在于长期无节制的掠夺性开发，造成了资源、环境、人口与发展之间的严重失衡，形成恶性循环。

以小农耕作为主，生产效率极低，农业结构单一。传统的小农经济长期占压倒优势，至今仍有 95% 的耕地由小农耕种，农田地块小而分散，而且承袭落后的传统耕作方式，多数不施肥，很少使用农药和改良品种，即使使用，覆盖面也很小，如2008/2009年度谷类作物使用良种的比例只有4.91%，豆类作物只有0.14%。这种生产方式造成生产水平极端低下，不少地方还处于自然经济状态，被迫采用迁移种植和大量撂荒的方法才勉强可以保持土壤肥力。耕作方式原始粗放，主要农业工具为锄头、镰刀、木犁等。

水土流失严重，生态环境脆弱，抗灾减灾能力低。生态环境的恶化造成土壤退化，土质下降，作物严重减产。土壤侵蚀是土壤退化的主要原因，侵蚀造成土壤蓄水能力下降，营养物质流失，土层变薄，从而使土地受到一定程度的侵蚀，其中25%受到严重侵蚀。另外，高原地区耕地坡度大，大部分又未修成梯田，加上植被覆盖极少，雨季雨水过于集中，因此极易造成大量的水土流失，土壤肥力迅速下降。仅水土流失一项，就造成每年产量减少2%。农民不得不以扩大种植面积来弥补。而人口迅速增长，又导致土地质量进一步下降，荒漠化速度加快，农田收益每况愈下，草场载畜量下降。管理粗放，饲料不足，品种退化，疫病流行。市场需求量小，是畜牧业未能在国民经济中发挥应有的作用的根本原因。牲畜的流行疫病除造成牲畜的高死亡率外，还影响到出生率、增长率和利用率。牲畜疾病所造成的损失达到畜牧业总产值的30%～50%。另外，牲畜的最重要的饲料来源是天然牧草。大约90%的牧草来自未经改良的天然草场、放牧地和休耕地。全国各地均没有贮藏饲料的习惯，特别是旱季后期，由于饲料短缺、水源不足，牲畜往往严重掉膘。

靠天吃饭，极易受旱灾和水灾的影响。能够做到旱涝保收的灌溉土地在耕地面积中的比例极小，全国农业基本靠天吃饭，一年中雨水的多少、雨季的到来和结束是否准时，对农业生产均有极大的影响。另外，由于土壤植被少，保墒能力低，雨水稍微集中又往往会形成洪灾。政府未建立起防灾减灾的相应机制，抵御自然灾害的能力相当差。

2. 农产品生产

农业是埃塞俄比亚的支柱产业，农产品的出口创汇是外汇收入的主要来源，但农业生产要素物质的投入显然不足，致使产量低、品质差。究其原因，主要表现在：

（1）现有水利条件不能满足农业生产的需要，干旱时有发生，防旱、抗旱能力微弱，抵御自然风险的能力低，每遇干旱少雨年份，形成大量灾民。

（2）土地耕作水平低。耕作粗放，不懂得整地保墒，合理密植，导致耕地的低效率耕作。

（3）生产工具原始落后。靠简单的锄、锹、镐、砍刀进行耕作，效能低下。

（4）农产品结构单一。农业主要是咖啡和畜牧业，既不能满足丰富的食物供给，也不能承受巨大的自然和市场风险；畜牧业产品的加工水平低，皮革产品竞争力低，大量的皮张以原初产品出口意大利等国，失去应有的附加值。

（5）苔麸是一种籽粒纤小，产量低的农作物，用其面粉可制成埃塞俄比亚的传统食品英吉拉，埃塞俄比亚人情有独钟，爱不忍舍。中国的杂交谷子在埃塞俄比亚试种成功，在粗放条件下，仍可获得亩产300多公斤的高产。其产量比苔麸高出数倍，且小米面也可制成煎饼（英吉拉就是糊状苔麸粉经发酵后摊制而成的味道带酸味的薄饼食品），与英吉拉没有什么本质区别，就此情况，我们多次与埃塞俄比亚农业官员及研究人员探讨，但埃塞俄比亚人还是难以接受，或许面对粮食安全的困境，相信会慢慢接受。

近年来，由于欧美经济不景气，欧债危机等严峻形势影响，高能耗、劳动密集型的花卉、蔬菜等涉农产业颇受影响，进而，将生产基地转向非洲国家，如肯尼亚、埃塞俄比亚、摩洛哥、南非、乌干达等国。埃塞俄比亚有着得天独厚的气候资源，地处东非高原，年均温16℃上下，非常适宜这些产业的发展，而且，劳动力成本大大小于欧美国家而广受青睐。埃塞俄比亚政府抓住此时机，积极吸引外资和外企，在国力有限的情况下，对相关种植外企给予诸多优惠条件，在公路、水利、通信等硬件设施方面尽力创造条件予以满足，使得这些外资、外企在埃塞俄比亚落下脚来，从而带动了本国相关产业的快速发展。鲜花、切花出口创汇已成为埃塞俄比亚近年来发展迅速的新兴产业。

埃塞俄比亚农业生产统计见表9～表17。

表9　埃塞俄比亚咖啡产量统计

年份	产量（吨）
1996/1997	165 535.00
1997/1998	155 367.00
1998/1999	148 212.00
1999/2000	164 312.00
2000/2001	128 573.00
2001/2002	180 539.00
2002/2003	194 267.00
2003/2004	198 996.00
2004/2005	227 966.00
2005/2006	205 666.00
2006/2007	236 714.00
2007/2008	230 247.00

表 10 埃塞俄比亚主季节主要作物的种植面积、单产、总产 (2006/2007—2008/2009)

作物种类	2006/2007 面积（公顷）	2006/2007 单产（百公斤/公顷）	2006/2007 总产（百公斤）	2007/2008 面积（公顷）	2007/2008 单产（百公斤/公顷）	2007/2008 总产（百公斤）	2008/2009 面积（公顷）	2008/2009 单产（百公斤/公顷）	2008/2009 总产（百公斤）
谷物类	8 471 919.72		128 797 925.96	8 730 001.31		137 169 906.6	8 770 118.00		144 964 059.0
大麦	1 019 313.77	13.27	13 521 480.05	984 942.72	13.76	13 548 070.55	977 756.70	15.54	15 194 042.00
玉米	1 694 521.55	22.29	37 764 397.06	1 767 388.91	21.22	37 497 490.62	1 768 122.00	22.24	39 325 217.00
高粱	1 464 318.17	15.82	23 160 409.33	1 533 537.26	17.34	26 591 292.20	1 615 297.00	17.36	28 043 510.00
粟	374 071.57	12.95	4 844 089.15	399 267.90	13.47	5 379 914.64	408 098.50	13.73	5 603 044.70
苔麸	2 404 674.00	10.14	24 377 494.60	2 565 155.22	11.67	29 929 234.99	2 481 333.00	12.2	30 280 181.00
小麦	1 473 917.31	16.71	24 630 638.52	1 424 719.03	16.25	23 144 885.23	1 453 817.00	17.46	25 376 398.00
燕麦	32 798.34	11.05	362 432.14	30 556.21	11.97	365 857.75	30 604.84	13.98	427 729.25
水稻	*	*	*	24 434.07	29.19	713 160.65	35 088.28	20.35	713 937.35
油料作物	741 790.98		4 970 839.57	707 059.29		6 169 279.99	855 147.50		6 557 044.20
亚麻籽	174 108.46	6.22	1 082 215.82	152 129.29	11.17	1 698 550.75	180 872.70	8.63	1 560 792.80
"努格"	274 720.21	5.38	1 477 588.40	285 236.53	5.6	1 598 197.41	313 445.10	6.09	1 907 522.50
芝麻	211 311.86	7.07	1 493 867.43	185 912.33	10.05	1 867 727.31	277 992.30	7.8	2 167 406.90
花生	37 126.32	13.76	510 801.36	40 198.03	11.12	446 850.29	41 761.12	11.23	468 871.63
向日葵	13 019.05	8.58	111 759.74	8 999.48	8.97	80 744.67	7 853.14	8.38	65 813.74
油菜籽	30 637.06	9.53	292 060.82	34 583.62	13.8	477 209.55	33 223.05	11.64	386 636.60

埃塞俄比亚

（续表）

作物种类	2006/2007			2007/2008			2008/2009		
	面积（公顷）	单产（百公斤/公顷）	总产（百公斤）	面积（公顷）	单产（百公斤/公顷）	总产（百公斤）	面积（公顷）	单产（百公斤/公顷）	总产（百公斤）
<u>豆类</u>	1 379 045.77		15 786 215.39	1 517 661.93		17 827 387.94	1 585 236.00		19 646 301.00
鹰嘴豆	200 066.05	12.69	2 538 713.21	226 785.39	12.65	2 868 202.41	233 440.40	13.37	3 120 800.30
豌豆	221 715.39	9.48	2 100 948.79	211 798.28	10.95	2 319 343.10	230 749.20	11.58	2 670 932.50
扁豆	223 356.66	9.97	2 227 007.96	231 443.06	10.43	2 414 176.41	267 069.50	12.35	3 297 753.20
蚕豆	459 201.57	12.55	5 761 562.97	520 519.72	13.23	6 886 670.09	538 820.50	12.92	6 959 836.90
小扁豆	97 110.32	8.35	810 494.22	107 427.59	8.76	941 027.30	94 945.50	9.98	947 734.03
草香豌豆	124 954.05	14.71	1 837 839.76	147 171.56	12.6	1 854 900.23	159 731.50	12.65	2 021 255.50
大豆	6 352.46	9.21	58 489.47	7 807.40	10.76	84 006.39	6 236.04	12.67	78 988.92
苦豆	20 762.03	7.90	163 985.87	38 310.10	7.66	293 520.42	33 773.59	11.15	376 588.64
"吉布托"	25 526.23	11.25	287 173.14	26 398.84	6.27	165 541.58	20 469.40	8.42	172 411.38
其他作物									
甘蔗	42 995.37	319.73	13 747 115.00	21 482.25	363.9	7 817 336.53	15 601.73	358.55	5 594 040.80

表 11　一年生作物的种植面积（按土地规模统计）（2006/2007）

作物种类	土地规模（公顷）							
	<0.10	0.10~0.50	0.51~1.00	1.01~2.00	2.01~5.00	5.01~10.00	>10.00	总计
谷物类	11 117	418 028	1 230 712	2 854 449	3 360 248	517 493	71 033	8 463 080
苔麸	1 137	86 915	303 478	792 651	1 031 209	165 777	23 508	2 404 674
大麦	1 119	49 787	142 062	320 841	410 585	84 258	10 662	1 019 314
小麦	981	59 276	185 011	446 298	630 500	129 227	22 624	1 473 917
玉米	6 885	129 827	291 247	593 253	582 098	75 860	9 509	1 688 680
高粱	954	83 167	267 342	558 653	508 316	39 093	3 904	1 461 429
粟	*	7 296	34 973	131 983	179 756	19 761	277	374 072
燕麦	*	1 172	4 608	8 258	14 751	3 444	*	32 798
水稻	*	*	*	2 510	*	*	—	*
豆类	1 840	69 084	194 770	446 344	569 098	84 904	12 899	1 378 939
蚕豆	812	25 322	66 676	154 945	181 697	26 113	3 636	459 202
豌豆	256	9 510	32 645	71 272	88 794	16 728	2 512	221 715
扁豆	544	22 886	50 326	71 799	66 040	8 938	*	223 251
鹰嘴豆	*	2 756	15 229	59 884	104 294	16 398	1 481	200 066
小扁豆	161	4 896	14 395	32 068	38 145	6 278	1 167	97 110
草香豌豆	*	2 294	9 899	38 492	64 493	8 714	1 045	124 954
大豆	*	116	1 021	2 456	2 108	*	—	6 352
葫芦巴	23	1 126	3 334	6 750	8 289	900	*	20 762
"吉布托"	*	*	1 246	8 677	15 239	*	—	25 526
油料种子	379	16 543	64 917	221 605	355 554	71 235	10 613	740 847
"努格"	*	2 631	18 271	73 840	147 061	30 325	2 538	274 720
亚麻籽	87	5 894	14 229	47 121	85 331	19 243	2 204	174 108
花生	*	1 826	8 226	14 490	11 369	1 115	—	37 050
向日葵	*	303	1 381	4 616	6 351	*	*	13 019
芝麻	40	4 203	20 207	71 337	91 323	18 506	5 696	211 312
油菜籽	160	1 685	2 603	10 201	14 121	1 697	*	30 637

表 12　一年生作物的种植面积（按土地规模统计）（2007/2008）

作物种类	土地规模（公顷）							
	<0.10	0.10~0.50	0.51~1.00	1.01~2.00	2.01~5.00	5.01~10.00	>10.00	总计
谷物类	12 221	480 508	1 342 200	2 936 374	3 384 579	509 617	64 503	8 730 001
苔麸	1 634	101 926	343 492	879 265	1 078 936	140 047	19 855	2 565 155
大麦	1 478	51 967	151 030	302 392	395 476	74 149	8 450	984 943
小麦	663	67 529	200 903	457 196	572 449	107 422	18 557	1 424 719
粟	7 163	146 227	322 064	603 734	584 871	94 049	9 281	1 767 389
高粱	1 161	100 973	270 759	532 334	549 977	71 686	*	1 533 537
小米	*	9 039	44 412	141 713	182 533	19 912	*	399 268
燕麦	92	1 081	4 384	8 522	14 209	2 185	*	30 556
水稻	—	1 765	5 156	11 218	6 128	*	—	24 434
豆类	1 987	78 988	231 196	530 191	593 198	74 861	7 240	1 517 662
蚕豆	926	31 072	83 666	179 225	196 463	26 989	2 179	520 520

作物种类	土地规模（公顷）							
	<0.10	0.10~0.50	0.51~1.00	1.01~2.00	2.01~5.00	5.01~10.00	>10.00	总计
豌 豆	179	10 568	35 510	72 248	81 651	11 241	*	211 798
扁 豆	497	22 457	52 455	88 162	61 302	5 652	*	231 443
鹰嘴豆	43	4 888	18 183	75 163	112 528	14 156	*	226 785
小扁豆	107	4 996	17 838	35 200	42 272	6 838	*	107 428
草香豌豆	*	2 218	15 278	55 569	66 109	6 223	*	147 172
大 豆	*	252	745	3 185	2 498	*	*	7 807
葫芦巴	144	2 223	5 965	13 693	15 071	1 188	*	38 310
"吉布托"	—	314	1 555	7 746	15 304	*	—	26 399
油料种子	483	15 537	61 903	197 002	335 234	85 100	11 799	707 059
"努格"	*	3 233	19 600	75 236	150 392	34 754	2 016	285 237
亚麻籽	83	3 867	13 901	36 552	72 236	22 080	3 412	152 129
花 生	64	2 526	7 082	16 053	13 610	862	—	40 198
向日葵	20	252	686	3 075	3 881	1 086	—	8 999
芝 麻	47	3 603	17 239	55 570	79 765	23 655	*	185 912
油菜籽	263	2 056	3 395	10 517	15 351	2 662	*	34 584

表13　一年生作物的种植面积（按土地规模统计）（2008/2009）

作物种类	土地规模（公顷）							
	<0.10	0.10~0.50	0.51~1.00	1.01~2.00	2.01~5.00	5.01~10.00	>10.00	总计
谷物类	12 737	476 450	1 336 331	3 044 950	3 306 833	528 786	64 031	8 770 118
苔 麸	1 017	100 407	328 737	871 679	1 030 246	135 575	13 672	2 481 333
大 麦	1 263	55 632	152 103	316 493	373 205	75 316	3 746	977 757
小 麦	1 207	69 706	192 140	461 990	580 854	127 081	20 839	1 453 817
玉 米	7 986	142 655	317 555	620 618	579 181	81 725	18 402	1 768 122
高 粱	1 222	94 494	283 111	596 838	551 958	83 214	4 460	1 615 297
粟	*	11 379	51 742	152 708	169 752	19 874	*	408 099
燕 麦	—	1 026	3 391	8 014	14 315	3 569	*	30 605
水 稻	*	1 152	*	16 611	7 320	*	—	35 088
豆类	1 893	86 044	236 664	548 311	610 872	90 104	11 347	1 585 236
蚕 豆	820	33 386	87 374	191 343	196 159	28 335	1 403	538 820
豌 豆	135	12 561	36 944	85 817	82 963	11 540	*	230 749
扁 豆	627	26 301	53 114	94 880	73 763	12 977	*	267 069
鹰嘴豆	46	4 235	22 139	73 207	114 588	17 215	*	233 440
小扁豆	*	4 113	12 639	29 930	39 220	8 223	*	94 946
草香豌豆	*	3 544	16 698	51 182	78 244	9 693	*	159 731
大 豆	*	154	844	1 786	*	259	—	6 236
葫芦巴	*	1 598	5 439	12 051	13 586	939	*	33 774
"吉布托"	*	*	1 474	8 114	9 157	*	*	20 469
油料种子	360	16 131	65 238	247 950	404 130	105 911	15 427	855 147
"努格"	*	4 363	21 797	87 854	163 397	33 674	2 324	313 445

作物种类	土地规模（公顷）							
	<0.10	0.10~0.50	0.51~1.00	1.01~2.00	2.01~5.00	5.01~10.00	>10.00	总计
亚麻籽	*	5 268	16 266	51 930	85 224	20 488	*	180 873
花　生	12	1 977	6 308	19 376	13 226	860	*	41 761
向日葵	13	376	768	2 836	3 481	*	—	7 853
芝　麻	*	2 610	16 713	75 346	123 989	48 218	*	277 992
油菜籽	147	1 538	3 387	10 607	14 813	2 290	*	33 223

表14　各州牛、绵羊、山羊存栏数统计（2006/2007—2008/2009）

（单位：千头、千只）

州、市	2006/2007			2007/2008			2008/2009		
	牛	绵羊	山羊	牛	绵羊	山羊	牛	绵羊	山羊
提格雷	2 952.18	973.49	2 771.27	3 119.41	1 388.10	3 005.46	3 103.47	1 376.96	3 107.99
阿法尔	447.98	247.6	627.9	401.17	353.42	599.83	473.27	403.26	801.5
阿姆哈拉	10 497.64	8 237.08	5 152.81	11 757.30	9 469.75	5 468.62	12 749.00	887.69	6 022.11
奥罗米亚	19 714.20	9 275.73	5 880.69	21 410.98	9 401.84	7 685.53	22 453.34	9 098.26	7 439.73
索马里	608.21	714.69	1 062.08	640.36	1 306.06	1 703.29	620.583	1 162.74	1 374.54
宾香古尔	322.67	89.1	339.53	363.59	85.27	371.5	411.998	84.42	321.6
南方州	8 476.03	4 031.67	2 549.98	9 574.68	4 000.05	2 624.59	9 263.22	3 883.76	2 626.61
甘贝拉	—	—	—	212.59	48.11	54.64	130.015	17.83	31.82
哈勒里	37.52	4.27	34.45	40.78	5.04	41.23	44.199	4.13	36.32
亚的斯亚贝巴	29.21	10.74	3.7	0	0	0	0	0	0
德雷达瓦	38.96	48.67	137.33	49.84	59.62	154.74	48.812	43.18	36.32

表15　各州马、骡子、驴存栏数统计（2006/2007—2008/2009）（单位：千匹）

州、市	2006/2007			2007/2008			2008/2009		
	马	骡子	驴	马	骡子	驴	马	骡子	驴
提格雷	2.27	7.25	437.39	*	6 665	462.5	5.427	7 694	463.49
阿法尔	*	0.16	11.89	*	*	32.897		*	26.45
阿姆哈拉	283.81	92.8	1 544.05	304 004	135 908	1 804.41	296	124.42	2 017.94
奥罗米亚	1 045.56	160.54	2 059.72	1 111 943	180 364	2 197.83	1 158	185.36	2 395.37
索马里	—	*	*		*				96.67
宾香古尔	*	1.41	39.71	280	682	50.74		0.69	48.79
南方州	322.32	63.05	283.47	346 335	52 456	364.99		55.25	351.13
甘贝拉	—	—	—	336	*	*	326	*	*
哈勒里	—	—	6.83	—	—	8.33	*		8.74
亚的斯亚贝巴	579	0.4	6.09	—	—	—			
德雷达瓦	*	—	10.78	—	—	14.08			13.13

表 16　各州骆驼、家禽、蜂箱数统计（2006/2007—2008/2009）

州、市	2006/2007			2007/2008			2008/2009		
	骆驼	家禽	蜂箱	骆驼	家禽	蜂箱	骆驼	家禽	蜂箱
提格雷	34.89	3 495.08	183.8	34.45	4 262.34	242.87	32.55	3 829.79	255.61
阿法尔	143.75	43.8	0.91	142.36	53.86	*	171.51	26.52	
阿姆哈拉	32	10 401.84	853.09	47.03	12 364.82	975.75	50.51	12 755.96	996.47
奥罗米亚	131.26	12 730.69	2 729.52	447.69	14 329.78	2 447.29	255.33	13 673.01	2 829.54
索马里	264.24	106.53	4.45	330.56	113.08	*	241.94	77.37	
宾香古尔	—	743.05	174.45	—	708.03	186.07	—	744.11	199.82
南方州	—	6 577.30	936.47	—	7 465.59	798.9	*	6 707.19	775.04
甘贝拉	*	—	—	—	173.84	35 122.00	*	202.11	89.67
哈勒里	—	31.78	0.8	*	36.29	1.06	*	33.36	0.85
亚的斯亚贝巴	8.31	21.56	0.26	5.06	—	—	5.5	—	—
德雷达瓦	616.4	47.85	0.72	1 002.08	56.28	0.95	757.34	48.1	0.89

表 17　动物疫苗产量统计

疫苗种类	2002/2003	2003/2004	2004/2005	2005/2006	2006/2007	2007/2008	2008/2009
牛瘟疫苗	1 209 400	1 952 100	5 718 100	5 731 500	9 641 400	10 786 800	10 480 000
肋膜肺炎疫苗	4 668 250	4 939 250	455 100	5 728 650	7 365 150	3 299 700	5 245 050
黑腿病疫苗	4 473 250	3 724 250	2 751 450	5 135 450	5 474 900	2 526 350	10 362 850
出血性败血病疫苗	5 511 200	4 756 100	7 639 900	8 673 900	6 629 700	8 027 800	8 924 100
炭疽疫苗	15 862 100	15 371 000	20 269 500	252 695 000	29 111 150	24 640 650	35 012 000

资料来源：- 国家动物健康研究所

3. 农产品加工

埃塞俄比亚的农产品加工多为初级加工产品，出口到欧洲及中东地区，几乎没有精细加工产品。以肉类加工为例；牛肉的平均屠宰率仅为27%，绵羊为33%，山羊为8%，多以冻肉和罐头向阿联酋、沙特阿拉伯、也门等中东国家出口。

香蕉、柑橘、菠萝和芒果等热带水果品种，因缺乏加工和贮藏设施及技术水平落后，只能满足应季销售，一遇市场低迷，腐烂变质，产后损失相当严重。可生产如橙皮果酱、番茄汁和番茄酱等产品。

埃塞俄比亚是世界咖啡的起源国，以盛产咖啡而闻名世界，也是非洲最大的咖啡出口国之一，在国际咖啡市场上也有一席之地，出口创汇可占其外汇收入的35%，国内GDP的25%。加工方面的问题表现在：干燥与存储设备简陋，烘焙、研磨技术和设备老化，包装档次低、陈旧僵化，很少有优质成品出口，大多以原初产品咖啡豆出口，没能完全展示出咖啡生产古国的优势和魅力。

油籽及油类加工方面：芝麻、花生、油菜籽、亚麻籽、芥菜籽等，其出口量也占据着创汇的显著地位，但油脂加工水平低下，压榨工艺落后、出油率低、脱色不过关、产品混浊不清亮、商品外观差，无市场竞争力。油脂产品多从中国、印度、马来西亚进口，以满足消费市场的需求。

粮食产品加工门类少，有面粉加工，但出粉率不高，色黑细度差，可加工为一般面包和粗制糕点，几乎没有其他加工产品，就连通心粉、方便面、饼干等也靠进口，抑或是小（大）麦品种加工性能受局限的问题，需在品种改良方面多做文章。

农产品加工是埃塞俄比亚食品加工的短板和制约本国产品及市场发展的瓶颈，只有政府加强资金、设备投入及研发力度，加快发展农产品加工的步伐，并逐步提高产品的附加值，才能促进生产，拉动消费，激活市场，将有限的外汇用在其他亟待发展的行业门类中。

七、农产品消费、流通与贸易

1. 优势产品供需情况及下一步走势

埃塞俄比亚农业生产强势产品有咖啡、油籽、豆类、畜产品、牲畜皮张、花卉、蔬菜和恰特草等，在国际市场销路很好。但因农业生产技术落后、投入严重不足，程度不同地影响了产量和质量生产。若能在生产技术和条件上加以改进和发展，其所有产品有着很好的市场潜力。

政府十分重视对强势产品生产与投资，在吸引外资和外企及相关政策的制定方面，力度较大，现已打下了一个较为坚实的基础，下一步的走势仍将稳健和持续发展。

几乎所有的生产资料全部依赖进口，化肥、种子等农业生产资料市场需求大，中小型油、电两用灌排及农耕机具、肉类、水果、粮食等初加工设备短缺，在一段时间内，市场前景良好。

2. 急需产品

急需中等偏下质量和价格的大米、玉米、小麦面粉及各类食用油等粮油产品。

可将我国适销对路的大米提供埃塞俄比亚市场，能与泰国、印度、巴基斯坦等国的大米产品一争高下。

3. 农产品国际贸易情况

埃塞俄比亚主要出口农产品是咖啡、皮张和皮革制品、恰特草、豆类、油籽、糖、活畜、肉类、鲜花和蔬菜。由于农业生产相对落后，埃塞俄比亚长期需要从国外进口大量粮食，进口渠道主要是国际社会的无偿捐赠和政府、私营部门的商业进口。

咖 啡

埃塞俄比亚是咖啡的发源地，它的气候条件和土壤条件极适合咖啡种植。埃塞俄比亚的咖啡总产量逐年上升，从 1996/1997 年度的 165 535 吨增加到 2007/2008 年度的 230 247 吨。埃塞俄比亚 25% 的人口从事咖啡种植、加工和销售，外汇收入也主要依赖于咖啡出口。埃塞俄比亚人民嗜饮咖啡，人均消费 3 公斤。但每年一半以上的咖啡产量用于出口，赚取外汇，主要出口国包括：美国、意大利、英国、瑞典、挪威、希腊、法国、比利时、德国和澳大利亚等。

皮 革

埃塞俄比亚皮革和皮革产品生产具有相对优势，除拥有丰富的畜牧资源外，还有极具竞争力的廉价劳动力。来源于牛、绵羊和山羊的皮张分别为 70%、23% 和 7%。皮革是埃塞俄比亚继咖啡之后的第二大出口产品，在埃塞俄比亚出口创汇中具有重要作用。埃塞俄比亚的畜牧业居非洲之首，居世界第 10 位。畜牧业产值占埃塞俄比亚 GDP 的 12%，占农业产值的 33%；皮革工业的从业人员占全国工业从业人员的 82%，也是农民收入的重要来源。

虽然埃塞俄比亚的畜牧业资源较为丰富，但其皮革加工工业和出口能力却相对较弱。埃塞俄比亚主要向国际市场出口原皮、半加工皮和加工的牛羊皮。埃塞俄比亚皮革出口收入约占该国出口总收入的 15%。欧洲是埃塞俄比亚皮革出口的最大市场，一般年份都占该产品出口总额的 60% 以上。

八、农业资源开发与生态环境保护

1. 生态环境

埃塞俄比亚几乎没有工业和环境污染，生态环境十分优越，有着很好的生态保护措施和成果，相对发展较好的产业有咖啡、豆类、油籽、花卉、蔬菜等，并具有一定的规模化生产能力。作物病虫害综合防治占有相对优势，很好地保护和利用了天敌资源，几乎不用或很少使用农药，且使用的农药大部分是生物农药，没有有机磷或有机氯等农药产品的使用，所有农产品可以说是无公害或天然的有机产品，各类农产品在国际市场活力旺盛，有着很好的市场潜力与前景。

2. 农业资源开发

水源丰富，但不能充分发挥其对农业生产的调控作用，水利灌溉设施匮乏，靠天吃饭、大部分地区是一年一作，土地利用率低。有灌溉条件的地方，灌溉粗放，大水漫灌，既浪费水，还易造成养分流失。埃塞俄比亚每年都要经历干旱，当地农民的防旱、抗旱能力微弱，许多地区受干旱的困扰，形成大量的灾民。

埃塞俄比亚的农用耕地土层深厚、土质疏松，有机质含量高，十分肥沃。但是当地农民的耕作技术水平低，农民一般不对土地进行整理，不知道清除地里的石头瓦砾，不懂保墒、保肥等初浅技术。政府缺乏对耕地和村舍进行统一规划，科学利用，农业抗风险能力低。

3. 生态环境保护

埃塞俄比亚农业生产方式和技术的落后，农业生产效率较低，但农业生产过程中几乎没有化肥、农药、农膜等的使用，就此而言，对农田的生产力和周围的自然生态系统有着较好的保护。

埃塞俄比亚属内陆国，不存在沿海滩涂等保护利用问题，做好耕地面积和陆地生态系统的保护，是保障国家粮食安全的根本所在。

埃塞俄比亚的荒漠分布在北部干旱地区，由于荒漠植被的过量利用，导致荒漠植被和荒漠区植被生态退化。干旱致使土地龟裂，植被破坏，沙化加快，生态恶化，严重制约了农业和畜牧业的生产。而在其他地区，因雨渍排涝不力，导致地表冲蚀和水土流失，不同程度地削弱了农田生产力。政府应注重生态功能区划与建设，做好水源涵养、土壤保持、防风固沙、洪水调蓄等。

埃塞俄比亚海拔高度的差异甚大，气候资源丰富，生物多样性较为全面。生态环境基本属于原生态，山青水绿，空气新鲜，没有发展现代工业而带来的环境恶化现象。埃塞俄比亚有着严格的野生动物保护法，设有专门的机构从事勘察保护工作，野蛮猎杀现象很少，较好地保护了野生动物资源。

第三部分　埃塞俄比亚农业发展的经验教训和对策建议

一、埃塞俄比亚农业发展的经验和教训

1. 实施"农业发展带动工业化"战略

埃塞俄比亚政府认为只有通过加快农业技术创新与普及，增加农业投入和农业信贷，改进农产品的销售与流通体制，才能解决埃塞俄比亚的粮食问题。因此，现政府在总结过去经验教训的基础上，提出了"农业发展带动工业化"战略，把农业和农村放在国家经济建设的中心和基础地位，集中力量提高农民的劳动生产率。根据上述战略，政府制定了新的农业技术推广计划，称为"参与性示范与培训推广体系"，简称"示范与培训计划"，并从 1995 年开始执行。该计划旨在通过吸收农民参与的方式，向农民示范新技术的效果，同时为他们提供运用这些新技术的培训。

为了加速农业技术推广计划，政府还制定了"全国技术推广计划"，并从 1995 年开始执行。该计划是"示范与培训计划"的一部分，主要向小农传播有关苔麸、玉米、小麦、高粱、大麦、土豆等主要粮食作物的知识与技术，来提高小农的生产率。

政府农业发展战略的中期目标是实现粮食自给，改善国家的粮食安全状况；而长期目标则是通过发展农业来带动工业的发展，实现农业人口向非农领域转移。为了实现上述目标，重点是改善小农的生产。为此，政府通过三个步骤来发展小农生产：第一步，改善农业耕作技术，如增加良种、化肥和农药的使用，改进农业工具，减少粮食的产后耗损量；第二步，发展小型灌溉等农业基础设施，推广使用化肥、农药等现代农业物质；第三步，扩大农场的规模，建立大中型现代化商业农场，生产高附加值出口产品和为国内工业提供原料，同时逐渐将人口从农业转移到非农活动上来。

2. 加强农业基础设施建设

埃塞俄比亚农业基础设施一直非常落后，缺乏水利设施，交通条件也不很便利。目前政府主要从以下几个方面来加强农业基础设施建设：一是发展水利灌溉，重点是发展小水利。根据政府的农业发展总体战略，制定了"可持续农业和环境复兴计划"，重点是兴建小水坝，以储存雨水，改善小流域的生态环境，发

展小规模灌溉农业；二是进行水土保持，重点是修梯田。从 1995 年以来的 5 年间，已在全国各地对 120 万公顷土地上进行了水土保持工程的修建。三是修筑通向农村地区的道路，以方便农产品的运输。1995 年以来的 5 年，新修筑了 7 400 公里的农村公路。

这些项目主要采取以工代赈的方式，动员当地农民在农闲时出工，政府或非政府组织给予一定的补贴。这些项目不仅保证了所灌溉土地能够旱涝保收，还保证了当地居民及牲畜的饮水问题，并在一定程度上改善了项目周围的生态环境。

3. 实行综合性经济改革

综合性经济改革战略由四部分组成：粮食部门发展政策、畜牧和渔业发展政策、自然资源开发与水土保持政策、农业基础设施发展政策。这些政策的指导思想是提高小农的劳动生产率，同时促进商业农场的发展。

实行土地公有制，但保障农民和投资者的土地使用权。宪法规定土地属于国家所有，但无偿分配给农户使用，农户对其使用的土地可以继承、出租，但无权抵押或卖出。政府主要考虑土地公有制符合农民的利益，如果实行土地私有制，允许农民自由买卖土地，势必出现土地过度集中的情况，造成社会两极分化；实行土地公有制有利于维护社会稳定，由于城市经济未获充分发展，如果允许农民自由买卖土地，将使无地农民大量涌入城市，产生爆炸性社会问题。土地公有制不影响市场经济的发展。在土地公有制下，除不能买卖土地外，可以租赁土地、传给后代等。因此人们的经济利益是和土地挂钩的，从而避免了土地公有制的一些弊端。

完善农业信贷机制。政府鼓励并扶持发展农业信贷，特别是对小农的小额信贷，以使农民有能力购买必要的良种、化肥和其他农业投入。在政府和捐助国的帮助下，已成立"农业周转基金"。过去只有商业银行经营农业信贷业务，现在作为埃塞俄比亚中央银行的埃塞俄比亚国民银行也介入农业信贷业务。但政府和私营金融机构在向小农发放小额信贷方面仍受金融能力、工作效率和农民还贷能力等方面的限制，农业信贷仍难于发挥推动农业生产的作用。

二、埃塞俄比亚农业发展存在的主要问题

埃塞俄比亚的农业生产面临着严峻的挑战。

1. 干 旱

埃塞俄比亚降雨充沛，但分布严重不均。沙性土空隙大，保水能力差；黏性

土空隙小，雨水不易渗到下层，引起水土流失，这些导致雨后土地板结或龟裂，不利于作物生长。该国灌溉农业粗放，灌溉主要是漫灌，既浪费水，又易造成营养土流失。埃塞俄比亚每年都要经历干旱，当地农民的防旱、抗旱能力微弱，所以全国近50%的地区受干旱的困扰，形成大量的灾民。

2. 农用地使用效率低

埃塞俄比亚的农用耕地土层深厚，土质疏松，有机质含量高，十分肥沃。但是当地农民的耕作技术水平低，农民一般不对土地进行整理，不知道清除地里的石头瓦砾，不懂得挖沟保墒等。播种时，种子随便抛撒，疏密不均，这都造成了耕地的低效使用。埃塞俄比亚还没有能够在全国范围内对耕地进行统一规划科学利用，农业抗自然风险能力低，基础设施落后。

3. 农业生产工具落后

埃塞俄比亚的农业生产资料极其匮乏，品种退化严重，农业生产手段也极其落后。农民们还没有锄头、铁锹等基本生产工具。锄草时用的是铁镐；脱粒时用几头牛踩，造成脱粒不净、粪便污染，浪费严重。

4. 农业生产结构单一

埃塞俄比亚农业主要是咖啡种植和畜牧业，生产结构单一，既不能给全国人口提供丰富的食品，也不能承受巨大的自然和市场风险。国际市场上持续的咖啡豆价格下降，使埃塞俄比亚蒙受了巨大的经济损失。虽然畜牧业号称是非洲第一，但该国的畜牧业加工水平极其落后，皮革业的竞争力很低。

三、对埃塞俄比亚农业发展的对策建议

埃塞俄比亚是世界上最贫困的国家之一，但是农业现代化是埃塞俄比亚农业发展的必由之路。根据埃塞俄比亚农业发展现实、社会风俗、宗教、民族特性等实际情况，现阶段必须做好以下几个方面：

1. 加快农村基础设施建设，改善农业生产环境

农业的发展离不开农村基础设施建设。政府部门应该进行村庄布局设计，并在此基础上加快乡村道路、学校、灌溉、电力等基础设施建设，为农业的可持续发展提供动力。埃塞俄比亚传统农业对农业生产环境造成的破坏主要体现在"公共地的悲哀"方面：一方面在畜牧业生产区，载畜量没有合理计算，造成草场超

载；对天然草场缺乏必要的维护和更新，草场中夹杂非洲带刺的树木和野草，草场退化严重。政府应进行积极的管理和引导，力求使草场恢复活力。另一方面在农业基础设施建设上，亟待解决的是增加投入建设农业灌溉系统，消除发展农业生产的瓶颈约束。同时，提高森林覆盖率，改善农业生产环境，保持水土。

2. 加强市场基础设施建设

埃塞俄比亚农民的剩余产品转换为商品的速度较慢，商品率低，当地农民的生活资料来源却主要依赖于剩余农产品商品化，市场基础设施建设不完善成为主要的制约因素。在该国当前的社会经济发展水平下，政府应该充分认识到农村集市对农民实现商品交换的重要性，而且改善农村集市基础设施投入低，见效快，是改善农民生活条件的重要举措。

3. 加大金融对农业和农村经济发展的支持力度

政府应该与有关国际组织合作，为农民提供小额贷款，帮助其维持再生产的正常进行。由于这些小额贷款，农民一面可以从市场买回所需的生产与生活物资，一面又带动了市场需求，使原本沉寂的市场活跃起来。

4. 生态移民

埃塞俄比亚北部地区海拔低，气候炎热，不适宜农业生产。在 20 世纪 80 年代，前社会主义政府曾经进行过大规模的人口南迁工程。但由于缺乏规划，计划落实不力，许多移民由于难以适应环境变化，加之医疗服务缺乏，造成了许多移民死亡。再加上国际社会认为移民是对反对派的清洗行为，所以遭到国际社会的反对，移民计划最终以失败而告终。但现在埃塞俄比亚的国际活动空间日益扩大，得到越来越多的国际社会的承认与支持。将干旱地区的人口迁移到雨水较多的高地应该可以得到国际社会的支持。

5. 加大农业教育与科研投入，提高农业科技水平

主要有加强农业科学研究、培育及推广新品种、推广普及农村适用技术等，尽快提高农业从业者的文化、科技素质。

6. 调整农业种植结构

利用高产作物品种替代低产品种。如在适宜地区用小米替代苔麸，因为小米的产量比苔麸高得多。

7. 培育农业龙头企业，推进农业产业化发展

8. 提高出口农产品科技含量与质量，增强国际竞争力

9. 建立并实施有机农业生产体系

10. 增加居民收入，扩大内需

11. 改良饮食习惯

第四部分　埃塞俄比亚与中国农业合作情况

一、中埃农业合作进展成效

1. 中埃贸易进展

自 20 世纪 90 年代以来，中、埃贸易呈持续快速发展态势。中、埃贸易额从 1994 年的 1 754 万美元到 2008 年的 13.1 亿美元，年均增长 36%。其中，中国对埃塞俄比亚出口从 1 750 万美元增长到 12.3 亿美元，年均增长 14% 以上；中国自埃塞俄比亚进口从 4 万美元增长到 8 166 万美元，年均增长 72%。

目前，中国已成为埃塞俄比亚第一大贸易伙伴和进口来源地。根据埃方统计，中国在埃塞俄比亚的出口占比 1998 年为 0.12%，2008 年增至 5.23%，中国成为埃塞俄比亚第七大出口市场；埃塞俄比亚从中国进口占比从 1998 年的 4.62% 增至 2008 年的 20.58%，中国已多年位列埃塞俄比亚第一大进口来源地；中埃贸易对埃塞俄比亚经济社会发展的作用日益突显。中国需求成为埃塞俄比亚出口增长的强劲支撑。埃塞俄比亚两大重要的出口商品油料籽和皮革、两大可出口矿产品之一的钽铌矿（另一为黄金）几乎全部由中国购买；中国为埃塞俄比亚投资拉动型的经济增长提供先进适用技术和价优物美的机械设备；"中国造"汽车、电器、服装、轻工产品等价廉物美产品受到埃塞俄比亚百姓青睐，为其节约生活开支、提高生活品质做出了显著贡献。

中国从埃塞俄比亚进口的商品 90% 以上为农牧产品，其中芝麻占 60% ~ 80%，牛羊皮占 10% ~ 25%、钽铌矿砂等占 5% ~ 7%；出口方面，已快速从轻工纺织产品转向机电及高新技术产品，机电产品占对埃出口近八成，其中主要是各种工程机械和材料、计算机及通讯技术产品，其余为纺织服装、五金建材、医药化工、日用品等。

2. 中埃农业职教项目效果明显

近年来，埃塞俄比亚政府实施了规模宏大的能力建设战略，计划在 2001—2005 年五年内，以"人力资源开发、机构建设强化和高效工作规范"为目标，在 14 个领域开展改革和教育培训。农业职业技术教育培训（农职教育）项目是国家能力建设战略的 14 个组成部分之一，也是埃塞俄比亚政府促进农业和经济发展的突破口。农职教育项目旨在为农村的初高中毕业生提供各种农业知识和技能培训。埃塞俄比亚政府计划投资 4 亿多美元，五年内培养 55 000 名中等技术人员和新型农民，并对 300 多万农村青年进行初级技术培训。

2001 年 2 月，中国农职教育项目先遣团对埃塞俄比亚进行了考察和访问。埃塞俄比亚农业部与中农公司签订了项目合作协议。从 2001 年 6 月至 2006 年 7 月，中国先后组织了 6 批、226 名中国教师赴埃塞俄比亚任教。中国教师先后在埃塞俄比亚 14 所学校任教，累计教授课程 40 门，培训教师近 1 000 人，学生 20 000 多人。

在不到五年的时间里，埃塞俄比亚农职教育项目从无到有，已建立了 25 个三年制职业技术学院，开设植物、动物、畜医、自然资源和农业合作社 5 个系，1 200 余名教师，毕业和在校学生总数达 51 836 人，其中毕业学生 32 199 人，教学条件不断改善，培训质量不断提高。五年来，中国教师在实习教学、教材建设、师资培训、项目咨询等方面都做出了突出的贡献。

二、中埃农业合作发展前景

在金融危机影响下，2009 年中、埃贸易的新特点主要是中国对埃塞俄比亚出口放缓，从埃塞俄比亚进口激增，进出口占比均显著提高。其中，中国对埃塞俄比亚出口 10.9 亿美元，同比微增 3%，1~10 月中国占埃塞俄比亚进口的比重从 2008 年的 20.58% 增至 24.13%。从埃塞俄比亚进口 2 亿美元，激增 2.3 倍，其中从埃塞俄比亚芝麻进口额达 1.82 亿美元，同比增 3 倍，占了中国自埃塞俄比亚进口的 90% 以上，从埃塞俄比亚另两大进口商品皮革、钽铌矿也出现了 1 倍以上的增长。

中国在埃塞俄比亚投资领域向多元化发展，项目规模向大型化发展，项目产业向重工业发展。20 世纪初，中国少数个体投资者开始进入埃塞俄比亚，投资项目为轻工、纺织等。2006 年以来，中国在埃塞俄比亚投资逐步向重工业和多元化方向发展，投资于钢铁、水泥、钢结构、砖瓦等建材以及汽车组装、矿产资源开发、工业园区、工程承包、商务咨询、农业和房地产等领域的项目逐渐增多，投资主体也从过去以民营企业和个体为主向国有、民营、金融机构（中非基金）等全面发展。中国民营企业凭借灵活经营、适用技术和简单设备，一批作坊式企业成为埃塞俄比亚工业化进程中的"排头兵"，并扩散技术带动埃塞俄比亚民族工业发展。随着中国在埃塞俄比亚投资钢铁、水泥、玻璃、汽车组装、电器组装等较高技术含量项目纷纷落户，中资企业成为埃塞俄比亚工业逐步迈向现代化的重要推动力量。

三、对中埃农业合作发展的建议

我国政府非常重视同非洲国家的农业合作，"农业走出去"战略的设想和实

非洲农业国别调研报告集

施，应集中在开展技术合作、兴办加工项目、建设农业基础设施、进行人员培训等方面，鼓励以企业为主体开展多种形式的合作，发展在平等互利基础上的新型双向合作关系。和埃塞俄比亚的农业合作，应考虑在以下几个方面。

（一）加强农业领域全方位的人力资源培训

1. 近年来，中国对非洲国家加强了人力资源的培训。无论是"送上门"和"请进来"都应注重立足埃塞俄比亚经济与发展水平，开展多专业的形式多样、针对性强的培训，要有所侧重。与此同时，强调与项目对接培训，立竿见影，效果好。

2. 进一步加强与巩固中埃农业职业技术教育与培训项目，该项目是中国与非洲国家开展双边技术合作一个成功的样板。在了解当地情况和实际需要的基础上，提出有针对性的合作建议。

（二）金融业向适度政策倾斜，鼓励企业走出去

1. 制定相应的鼓励企业农业项目的投资政策，适当放宽优惠贷款条件，给予必要的项目前期运行无息款项，以保证项目进入实质实施与完成。

2. 多渠道利用国际社会发展资金，加强多边框架下开展的南南合作，积极参加联合国粮农组织实施的粮食安全特别行动计划，多专业、多工种参加，时间短，效果好。

（三）制定优惠政策，鼓励农业科技人员参加援非农业工作

1. 农业援非是我国的一项主要外交事业。国家应制定优惠政策，鼓励有志者积极投身于农业援非工作中来。切实解决好他们的后顾之忧。国家应对经选派参加援非农业重大建设项目的农业科技人员，在职务晋升、专业技术职务评聘、工资调整等方面，与原单位同类人员享有同等待遇。

2. 参照国际惯例，可考虑允许配偶带薪随同，让他们无所顾忌地长时间、全身心投入到实地工作中去。